Wissenschaftliche Reihe
Fahrzeugtechnik Universität Stuttgart

Reihe herausgegeben von

Michael Bargende, Stuttgart, Deutschland

Hans-Christian Reuss, Stuttgart, Deutschland

Jochen Wiedemann, Stuttgart, Deutschland

Das Institut für Fahrzeugtechnik Stuttgart (IFS) an der Universität Stuttgart erforscht, entwickelt, appliziert und erprobt, in enger Zusammenarbeit mit der Industrie, Elemente bzw. Technologien aus dem Bereich moderner Fahrzeugkonzepte. Das Institut gliedert sich in die drei Bereiche Kraftfahrwesen, Fahrzeugantriebe und Kraftfahrzeug-Mechatronik. Aufgabe dieser Bereiche ist die Ausarbeitung des Themengebietes im Prüfstandsbetrieb, in Theorie und Simulation. Schwerpunkte des Kraftfahrwesens sind hierbei die Aerodynamik, Akustik (NVH), Fahrdynamik und Fahrermodellierung, Leichtbau, Sicherheit, Kraftübertragung sowie Energie und Thermomanagement – auch in Verbindung mit hybriden und batterieelektrischen Fahrzeugkonzepten. Der Bereich Fahrzeugantriebe widmet sich den Themen Brennverfahrensentwicklung einschließlich Regelungs- und Steuerungskonzeptionen bei zugleich minimierten Emissionen, komplexe Abgasnachbehandlung, Aufladesysteme und -strategien, Hybridsysteme und Betriebsstrategien sowie mechanisch-akustischen Fragestellungen. Themen der Kraftfahrzeug-Mechatronik sind die Antriebsstrangregelung/Hybride, Elektromobilität, Bordnetz und Energiemanagement, Funktions- und Softwareentwicklung sowie Test und Diagnose. Die Erfüllung dieser Aufgaben wird prüfstandsseitig neben vielem anderen unterstützt durch 19 Motorenprüfstände, zwei Rollenprüfstände, einen 1:1-Fahrsimulator, einen Antriebsstrangprüfstand, einen Thermowindkanal sowie einen 1:1-Aeroakustikwindkanal. Die wissenschaftliche Reihe „Fahrzeugtechnik Universität Stuttgart" präsentiert über die am Institut entstandenen Promotionen die hervorragenden Arbeitsergebnisse der Forschungstätigkeiten am IFS.

Reihe herausgegeben von

Prof. Dr.-Ing. Michael Bargende
Lehrstuhl Fahrzeugantriebe
Institut für Fahrzeugtechnik Stuttgart
Universität Stuttgart
Stuttgart, Deutschland

Prof. Dr.-Ing. Hans-Christian Reuss
Lehrstuhl Kraftfahrzeugmechatronik
Institut für Fahrzeugtechnik Stuttgart
Universität Stuttgart
Stuttgart, Deutschland

Prof. Dr.-Ing. Jochen Wiedemann
Lehrstuhl Kraftfahrwesen
Institut für Fahrzeugtechnik Stuttgart
Universität Stuttgart
Stuttgart, Deutschland

Weitere Bände in der Reihe http://www.springer.com/series/13535

Christopher Beck

Numerische Analyse der Zweiphasenströmung und Kühlwirkung in nasslaufenden Elektromotoren

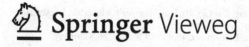

Christopher Beck
IFS, Fakultät 7, Lehrstuhl für Fahrzeugantriebe
Universität Stuttgart
Stuttgart, Deutschland

Zugl.: Dissertation Universität Stuttgart, 2020

D93

ISSN 2567-0042 ISSN 2567-0352 (electronic)
Wissenschaftliche Reihe Fahrzeugtechnik Universität Stuttgart
ISBN 978-3-658-32606-7 ISBN 978-3-658-32607-4 (eBook)
https://doi.org/10.1007/978-3-658-32607-4

Die Deutsche Nationalbibliothek verzeichnet diese Publikation in der Deutschen National-
bibliografie; detaillierte bibliografische Daten sind im Internet über http://dnb.d-nb.de abrufbar.

Springer Vieweg ist ein Imprint der eingetragenen Gesellschaft Springer Fachmedien Wiesbaden
GmbH und ist ein Teil von Springer Nature.
Die Anschrift der Gesellschaft ist: Abraham-Lincoln-Str. 46, 65189 Wiesbaden, Germany

Vorwort

Die Dissertation ist im Rahmen meiner Tätigkeit in der Forschung & Entwicklung der Mercedes-Benz AG in Stuttgart entstanden und wurde durch Herrn Prof. Dr.-Ing. M. Bargende vom Institut für Fahrzeugtechnik Stuttgart betreut.

Mein besonderer Dank gilt Herrn Prof. Dr.-Ing. M. Bargende für das Ermöglichen, die fachlichen Diskussionen und die Unterstützung dieser Arbeit sowie die Übernahme des Hauptreferates.

Herrn Prof. Dr. techn. Ch. Beidl danke ich für das Interesse an dieser Arbeit und die Übernahme des Koreferates.

Ein herzliches Dankeschön geht an Herrn Dr.-Ing. Christian Krüger für die wissenschaftliche Betreuung und an Herrn Dr.-Ing. Rüdiger Steiner, der als Abteilungsleiter meine Arbeit stets gefördert hat. Besonders bedanke ich mich bei Herrn Harald Echtle für die fachliche Unterstützung sowie die Möglichkeit zur Diskussion jedweder Ideen. Ebenfalls gilt mein Dank Herrn Dr. Jürgen Schorr für die hervorragende Zusammenarbeit auf dem Themengebiet der optischen Diagnostik. Für die fachlichen Diskussionen zur thermischen Auslegung danke ich Herrn Robert Lehmann. Ebenso gilt meine Dankbarkeit den zahlreichen Kollegen und Studenten, die zum Gelingen dieser Arbeit beigetragen haben.

Meiner Familie und meinen Freunden möchte ich ebenfalls für die Geduld, die Unterstützung und das aufgebrachte Verständnis danken.

„Es ist nicht genug zu wissen, man muss auch anwenden.
Es ist nicht genug zu wollen, man muss auch tun."
Johann Wolfgang von Goethe

Stuttgart   Christopher Beck

Inhaltsverzeichnis

Abbildungsverzeichnis

Tabellenverzeichnis

Abkürzungsverzeichnis

ASM	Asynchronmaschine
Back-EMF	Back Electromotive Force
BP	Betriebspunkt
CAD	Computer-Aided Design
CFD	Computational Fluid Dynamics
CHT	Conjugate Heat Transfer
DNS	Direkte Numerische Simulation
FEM	Finite-Elemente-Methode
FKFS	Forschungsinstitut für Kraftfahrwesen und Fahrzeugmotoren Stuttgart
GM	Gleichstrommaschine
GRM	geschaltete Reluktanzmaschine
HRIC	High-Resolution Interface Capturing
HV	Hochvolt
IFS	Institut für Fahrzeugtechnik Stuttgart
LES	Large Eddy Simulation
LMP	Lagrangesche Mehrphasenbeschreibung
MAG	NdFeB-Magnete
NdFeB	Neodym-Eisen-Bor
PSM	permanenterregte Synchronmaschine

RANS	Reynolds-gemittelte Navier-Stokes-Gleichungen
RBP	Rotorblechpaket
SBP	Statorblechpaket
SW	Statoreinzugswicklung
VOF	Volume of Fluid
WEG	Wasser-Ethylenglykol-Gemisch

Symbolverzeichnis

Lateinische Buchstaben

A	Oberfläche	m^2
a	Beschleunigung	$m\,s^{-2}$
B	Induktion	T
$\boldsymbol{b}$	spezifische Körperkraft	$N\,kg^{-1}$
b	Wärmeeindringkoeffizient	$J\,K^{-1}\,m^{-2}\,s^{-1/2}$
C	Wärmekapazität	$J\,K^{-1}$
c	spezifische Wärmekapazität	$J\,(kg\,K)^{-1}$
cfl	Courant-Zahl	-
D	Durchmesser	m
d	Diffusionszahl	-
$\boldsymbol{D}$	Deformationsratentensor	s^{-1}
F	materialspezifischer Wert	$J\,s^{1/2}\,T^{-3/2}\,m^{-3}$
f	Frequenz	s^{-1}
$\boldsymbol{F}$	Kraft	N
g	Gravitationsbeschleunigung	$m\,s^{-2}$
h	spezifische Enthalpie	$J\,kg^{-1}$
I	elektrische Stromstärke	A
$\boldsymbol{I}$	Einheitstensor	-
H_c	Koerzitivfeldstärke	$A\,m^{-1}$
k	Formfaktor	-
l_b	Breite	m
l_d	Dicke	m
l_h	Höhe	m
M	Moment	Nm
m	Masse	kg
$\tilde{M}$	normiertes Drehmoment	-
N	Umdrehungen	-
n	Drehzahl	min^{-1}
Nu	Nußelt-Zahl	-
$\boldsymbol{n}$	Normalenvektor	-

Oh	Ohnesorge-Zahl	-
P	Leistung	W
p	statischer Druck	Pa
$\breve{P}$	normierte Verlustleistung	-
p_v	spezifische Verlustleistung	$\mathrm{W\,kg^{-1}}$
$\dot{Q}$	Wärmestrom	W
R	elektrischer Widerstand	Ω
r	Radius	m
Re	Reynolds-Zahl	-
R_th	thermischer Widerstand	$\mathrm{K\,W^{-1}}$
$\boldsymbol{S}$	viskoser Teil des Spannungstensors	$\mathrm{kg\,m^{-1}\,s^{-2}}$
T	Temperatur	K
t	Zeit	s
Ta	Taylor-Zahl	-
t_K	Kontaktzeit	s
T^+	dimensionslose Temperatur	-
$\boldsymbol{T}$	Spannungstensor	$\mathrm{kg\,m^{-1}\,s^{-2}}$
$\dot{V}$	Volumenstrom	$\mathrm{m^3\,s^{-1}}$
V	Volumen	$\mathrm{m^3}$
$\boldsymbol{v}$	Geschwindigkeitsvektor	$\mathrm{m\,s^{-1}}$
v	Geschwindigkeit	$\mathrm{m\,s^{-1}}$
W	volumetrische Wärmequellen/-senken	$\mathrm{W\,m^{-3}}$
$\boldsymbol{x}$	Ortsvektor	m

Griechische Buchstaben

α	Wärmeübergangskoeffizient	$\mathrm{W\,m^{-2}\,K^{-1}}$
α_R	Temperaturbeiwert	$\mathrm{K^{-1}}$
β	Winkel	rad
δ	Filmdicke	m
η	Wirkungsgrad	-
κ	Temperaturleitfähigkeit	$\mathrm{m^2\,s^{-1}}$
λ	Wärmeleitfähigkeit	$\mathrm{W\,(m\,K)^{-1}}$
μ	dynamische Viskosität	$\mathrm{kg\,(m\,s)^{-1}}$
ν	kinematische Viskosität	$\mathrm{m^2\,s^{-1}}$
ω	Winkelgeschwindigkeit	$\mathrm{rad\,s^{-1}}$

ϕ	Volumenanteil	-
ρ	Dichte	kg m^{-3}
σ	elektrische Leitfähigkeit	S m^{-1}
σ_S	Oberflächenspannung	N m^{-1}
τ	Scherspannung	$\text{kg m}^{-1} \text{s}^{-2}$
τ_g	gravimetrische Zeitkonstante	s
τ_n	rotatorische Zeitkonstante	s
τ_{th}	thermische Zeitkonstante	s
θ	Temperatur	°C

Indizes

a	außen
ax	axial
Cu	Kupfer
D	Düse
dyn	dynamisch
f	Fluid
Fe	Elektroblech
h	hydraulisch
Hys	Hysterese
i	innen
lim	Limit
M	Magnet
max	Maximum
mech	mechanisch
norm	normiert
P	Partikel
Pr	Prüfstand
r	radial
S	Stator
Sp	Spalt
t	tangential
Tr	Tropfen
V	Verlust
W	Wickelkopf

Wi	Wirbelstrom
Ziel	Zielwert
Zu	Zusatz
Öl	Getriebeöl (ATF134FE)

Kurzfassung

Die vorliegende Arbeit beschreibt die Entwicklung und Validierung eines numerischen Modells, das die Analyse der Mehrphasenströmung und deren Kühlwirkung in nasslaufenden Elektromotoren ermöglicht. Dazu wird ein dreidimensionales Berechnungsmodell einer permanenterregten Synchronmaschine aufgebaut und mit experimentellen Daten abgeglichen. Bei der untersuchten Maschine erfolgt die Kühlung durch einen Wassermantel im Gehäuse und durch Öl, das über Düsen in der Rotorwelle direkt in den Innenraum eingebracht und verteilt wird.

Nach der Beschreibung der Anforderungen an das Modell werden die Konsequenzen, die sich für die Simulation aus den zu lösenden Zeit- und Längenskalen ergeben, detailliert erörtert und Handlungsbedarfe abgeleitet. Die Aufteilung der Handlungsfelder erfolgt mittels eines 3-Ebenen-Vorgehensmodells in die Teilbereiche Wärmequellen, Wärmesenken und Wärmetransport. Zur Bewertung der Schlüsselfaktoren der Kühlungssimulation der drei Teilbereiche wird ein für Parameterstudien geeignetes dreidimensionales, thermisches Modell entwickelt. Dessen Randbedingungen bestehen aus analytischen Ansätzen bzw. Daten aus den Ergebnissen von vereinfachten und vorab durchgeführten Strömungssimulationen zur Parametrierung der gekühlten Flächen. Im Teilgebiet der Wärmequellenmodellierung ist der Haupteinflussparameter auf die Komponententemperaturen die inhomogene Verteilung der Ummagnetisierungsverluste innerhalb der Blechpakete, sofern die absoluten Verluste als gegeben vorausgesetzt werden. Die Wickelkopftemperaturen reagieren sensitiv bezüglich der Wärmeabfuhr in den Innenraum, während die Rotortemperatur vorwiegend vom Wärmeaustausch über den Luftspalt und den damit einhergehenden Modellierungsparametern abhängt. Dagegen ist die Sensitivität der Bauteiltemperaturen auf die Wärmeübergänge innerhalb der Rotorwelle und des Wassermantels gering. Bei der Modellierung des Wärmetransports ist die temperaturabhängige Wärmeleitfähigkeit besonders einflussreich.

Somit liegt der Fokus der weiteren Modellierung auf dem Innenraum und dem Spalt. Für den Innenraum kommt ein hybrider Ansatz aus Lagrangescher Beschreibung des eingebrachten Öl-Strahls und der Volume of Fluid Methode für die Beschreibung des Öls nach Kontakt mit der Wand zum Einsatz. Die mittels Lagrangescher Betrachtungsweise beschriebenen Partikel werden über punktförmige Injektoren mit aus detaillierten Düsensimulationen abgeleiteten Randbedingungen eingebracht. Die Ergebnisse der simulativen Betrachtung der Mehrphasenströmung innerhalb der rotierenden Stufendüsen werden zunächst qualitativ mit einem neu entwickelten, optisch zugänglichen Prüfstand abgeglichen. Neben der qualitativen Übereinstimmung der Strahlformen werden die für die Strahlbildung maßgeblichen Wirkmechanismen aufgezeigt.

Für die Berücksichtigung der Wärmeübergänge und der Schleppmomente des Spalts im Gesamtmodell wird ein Spalt-Modell entwickelt. Dazu werden anhand von Reibmomentmessungen Hypothesen für die optisch nicht zugängliche mehrphasige Strömung im Spalt formuliert und mit Large Eddy Simulationen plausibilisiert. Basierend auf der Wandtemperatur, der Drehzahl und einem vorgegebenen Öl-Anteil lassen sich die zugehörigen Wärmeübergänge mittels Interpolation aus vorab befüllten Tabellen bestimmen. Der Öl-Anteil kann sowohl vorgegeben als auch iterativ mit Schleppmomentmessungen aus Experimenten bestimmt werden.

Die Integration der entwickelten Submodelle in ein Gesamtmodell wird durch Kopplung der transienten Berechnung der Innenraumströmung mit dem stationären Strukturmodell realisiert. Der Spalt und die analytischen Randbedingungen für Rotorwelle und Wassermantel sind Teil des Strukturmodells. Dieser Kopplungsansatz in Verbindung mit der gewählten Modellierung der Submodelle erlaubt die Berücksichtigung der unterschiedlichen Zeit- und Längenskalen in einem Modell. Die Berechnungsdauer für einen Betriebspunkt bei $1000\,\text{min}^{-1}$ liegt bei 2 Tagen auf 40 Cores und ist damit im akzeptablen Bereich für die Verwendung im Entwicklungsprozess von Elektromotoren.

Zur Bewertung der entwickelten Methodik werden die Temperaturen von Messungen am Prüfstand mit Simulationsergebnissen verglichen. Hierzu wird das Verhalten bei charakteristischen Drehzahlen, Drehmomenten und Öl-Volumenströmen simuliert. Dies erlaubt, den Einfluss der Wärmequellen sowie -senken und des Wärmetransports detailliert zu beurteilen. Für die analysierten Dauerbetriebspunkte liegen die Komponententemperaturen der Simulation im Bereich der Messtoleranzen.

Abstract

The present work describes the development and validation of a computational model to analyze the multi-phase flow and cooling in direct-spray-cooled permanent magnet electric motors. Based on the three-dimensional model of a synchronous machine as mentioned above, the simulations are compared and validated against experimental data under several load conditions. The cooling system of the examined motor consists of a cooling jacket and direct oil cooling of the interior side using step-holes integrated into the rotor shaft. The position of these nozzles is underneath the end windings to spray directly on them.

After the definition of the requirements for the full model development, the challenges to be addressed are estimated in terms of the time and length scales that need to be taken into account. A large number of scales are present in direct-spray-cooled electric motors. The simulation approach is split into a 3-level-procedure-model in the areas of heat sources, heat sinks and heat transfer. To evaluate the key factors of the cooling simulation of these three subareas, a three-dimensional thermal model is developed and used for parametric studies. Here, the cooled surfaces are modeled using analytical formulae as boundary conditions or data from simplified flow simulations. Taking the inhomogeneous distribution of the losses within the sheet metal into account has a major impact on the component temperatures. All sensitivities are based on the assumption of constant absolute losses in different components. In the heat transfer by conduction, the temperature dependent thermal conductivity is dominating. The winding head temperatures are influenced mainly by heat dissipation to the interior of the machine due to the impinging spray. The rotor temperature is strongly influenced by the heat transfer in the gap between rotor and stator. The sensitivity of the temperatures to the heat transfer inside the rotor shaft and the cooling jacket is low.

For this reason, detailed models to simulate the flow in the interior of the machine and the gap are developed and combined. In the interior of the machine, a hybrid approach for modeling the multi-phase flow is used. The rotating spray is described by Lagrangian particles. After impingement, a change of the modeling approach to the volume of fluid method is made. The advantage of this approach lies in modeling the larger multi-phase flow patterns. The boundary conditions for the rotating point injectors of the Lagrangian particles are generated by means of the large eddy simulation approach. For the detailed investigation of phenomena in rotating step holes, an optically accessible engine was designed and build. The flow and heat transfer of the gap is simulated in detail with a LES approach and compared to measurements for the frictional torque. Finally, the results of the detailed simulations are introduced into the full model using a lookup table procedure. Based on the wall temperatures, the rotational speed and the volume fraction of oil inside the gap, the corresponding heat transfer coefficients are interpolated. The oil fraction can be fixed or iteratively determined based on separately measured drag torques.

The integration of the developed submodels into the full model is implemented by coupling the transient simulation of the interior multi-phase flow with the steady state approach of the solid calculation. The gap model, the boundary conditions based on analytical formulas for the rotor shaft and the cooling jacket are a part of the steady state thermal model. With this coupling approach and the selected submodels, different time and length scales can be computed in a single setup in a reasonable time. The computational time for an operating point at $1000\,\mathrm{min^{-1}}$ is 2 days using 40 cores, which is acceptable in the development process of new electric motors. To validate this developed approach, temperature measurements on the test bench are compared with the simulation. In order to be able to assess the influence of the heat sources/sinks and the mechanisms of heat transport, various operating points are analyzed. A variation of different rotational speeds, volumetric flow rates and torques is used. The comparison shows a good agreement between simulation and experiment for the continuous operating points.

1 Einleitung

Die thermische Absicherung und die numerische Bewertung von Kühlkonzepten im Entwicklungsprozess wirken sich positiv auf die Lebensdauer sowie die Dauerleistung elektrischer Maschinen aus. Die Berechnung von Temperaturverteilungen ist notwendiger Bestandteil der digitalen Bewertung, um frühzeitig temperaturkritische Bereiche zu identifizieren und mit geeigneten Kühlmaßnahmen gegenzusteuern. Infolge steigt der Reifegrad und sinkt die Entwicklungszeit neuer Elektromotoren.

1.1 Motivation

Aufgrund steigender Leistungsanforderungen und reduziertem Bauraum in modernen elektrischen Fahrzeugen ist eine Anpassung der Kühlkonzepte notwendig. Abbildung 1.1 illustriert beispielhaft die normierten Dauerleistungen $\bar{P}$ verschiedener Kühlkonzepte im Bezug zur maximalen Leistung. Elektromotoren, die neben den klassischen Kühlmethoden mit Luft und/oder Wassermantel zusätzlich über eine direkte Kühlung im Inneren verfügen, besitzen eine gesteigerte Dauerleistung. Wie sich die Dauerleistung im Vergleich zur maximalen Leistung verhält, hängt neben dem Kühlkonzept stark von der Art (Synchron- oder Asynchronmotor) und Geometrie (z.B. aktive Länge der Maschine) des Elektromotors ab. Bei nasslaufenden Elektromotoren erfolgt die Kühlung durch das Einbringen von dielektrischen Kühlmedien direkt in den Innenraum. Die Wärmeabfuhr ist somit nahe an den Wärmequellen, wodurch die Temperaturen in den kritischen Komponenten sinken. Zu diesen Komponenten gehören beispielsweise die Permanentmagnete, die Blechpakete von Rotor und Stator sowie die Einzugswicklung. Demzufolge kann zum Beispiel die Dauergrenzkennlinie angehoben oder es können kostengünstigere Materialien verwendet werden. Gelingt die Umsetzung einer effektiven Innenraumkühlung, wäre der Verzicht auf aufwendig ins Gehäuse integrierte Kühlkanäle denkbar. Neben den Vorteilen bergen diese Konzepte allerdings Risiken wie

eine Erhöhung des Schleppmoments und eine Drehzahlabhängigkeit der Kühlleistung. Um die Kühlleistung und die Risiken zu bewerten, empfiehlt sich die
Berechnung der Strömung des Kühlmediums im Innenraum des Elektromotors
mittels Computational Fluid Dynamics (CFD).

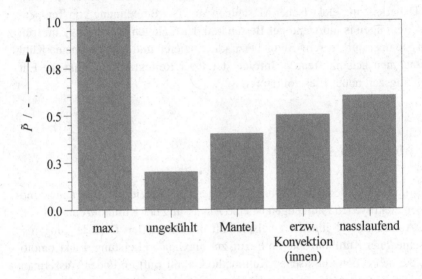

Abbildung 1.1: Vergleich verschiedener Kühlkonzepte

Die Herausforderung bei der numerischen Analyse der Zweiphasenströmung
und Kühlwirkung in nasslaufenden Maschinen besteht in der Diskretisierung
von unterschiedlichsten Zeit- und Längenskalen. Die kleinsten Zeitskalen treten im Bereich der rotierenden Öl-Strahlen auf. Gleichzeitig müssen die Einflüsse aufgrund des schwerkraftgetriebenen Abtransports und des Füllstands
mit Öl bewertet werden. Diese Phänomene finden auf deutlich größeren Zeitskalen statt. Auch die Längenskalen variieren zwischen der geometrischen Abbildung der gesamten Maschine bis zu kleinen Öl-Tröpfchen und dünnen Öl-
Filmen.

1.2 Ziel der Arbeit

Im Rahmen der Dissertation wird anhand einer permanenterregten Synchronmaschine (PSM) eine Methodik entwickelt, um die Mehrphasenströmung und Kühlwirkung in nasslaufenden Elektromotoren im automobilen Entwicklungsprozess berechnen zu können. Das übergeordnete Ziel ist die Vorausberechnung der Temperaturverteilungen innerhalb der elektrischen Maschine für verschiedene Dauerbetriebspunkte, um den Einfluss von Kühlkonzepten bewerten zu können. Dazu muss neben den Wärmeübergängen in die Kühlmedien auch die Struktur der verwendeten permanenterregten Synchronmaschine modelliert werden.

2 Grundlagen und Stand der Technik

2.1 Elektrische Maschinen

Elektromotoren sind zentraler Bestandteil moderner elektrischer Fahrzeugantriebe und können je nach Fahrsituation motorisch oder generatorisch betrieben werden. Beim motorischen Betrieb wird elektrische Energie in mechanische Arbeit umgewandelt. Wohingegen beim generatorischen Betrieb der umgekehrte Energiefluss stattfindet. Die Funktionsweise des Elektromotors geht auf die Entdeckung der magnetischen Wirkung des elektrischen Stromes von Christian Ørsted im Jahr 1820 zurück. Detaillierte Beschreibungen der Funktionsweise und der zugrundeliegenden Phänomene bei dieser Energieumwandlung sind ausführlich in [40, 55, 56] beschrieben.

Verschiedene Bauformen von Elektromotoren weisen unterschiedliche Eigenschaften auf, die sich je nach Einsatzzweck vor- bzw. nachteilig auswirken. Die Gleichstrommaschine (GM) hat zwar einen guten technischen Reifegrad, jedoch sind der Einsatz von Bürsten und die geringe Leistungsdichte entscheidende Nachteile. Die Asynchronmaschine (ASM) und die geschaltete Reluktanzmaschine (GRM) haben im Vergleich zur PSM eine geringere Leistungsdichte sowie einen niedrigeren maximalen Wirkungsgrad. Des Weiteren haben beide einen einfachen und robusten Rotoraufbau. Die technische Reife der ASM ist gegenüber der GRM aufgrund des vielfachen Einsatzes höher. Aufgrund der hohen Leistungsdichte, des sehr hohen Wirkungsgrades bei niedriger Drehzahl und der guten Regelbarkeit ist die PSM trotz ihrer Nachteile weit verbreitet in diversen elektrifizierten Fahrzeugkonzepten und wird am häufigsten in Hybridfahrzeugkonzepten eingesetzt. [33]

Nachteile der PSM sind die im Feldschwächbetrieb zusätzlich notwendigen feldschwächenden Stromkomponenten, wodurch der Wirkungsgrad im oberen Drehzahlbereich gegenüber einer ASM und GRM abnimmt. Zusätzlich entstehen auch im Leerlauf Schleppverluste aufgrund von Ummagnetisierungsver-

© Der/die Autor(en), exklusiv lizenziert durch
Springer Fachmedien Wiesbaden GmbH, ein Teil von Springer Nature 2020
C. Beck, *Numerische Analyse der Zweiphasenströmung und Kühlwirkung in nasslaufenden Elektromotoren*, Wissenschaftliche Reihe Fahrzeugtechnik Universität Stuttgart, https://doi.org/10.1007/978-3-658-32607-4_2

lusten. Ebenfalls sind die hohen Kosten der Magnete mit einer hohen Remanenzflussdichte und Koerzitivfeldstärke zu nennen. Typischerweise sind Alu-
minium-Nickel-Kobalt-Magnete oder Seltene-Erden-Magnete verbaut. [63]

In Tabelle 2.1 werden die Eigenschaften der elektrischen Antriebe verglichen.

Tabelle 2.1:   Vergleich elektrischer Maschinen nach [33]

	GM	ASM	PSM	GRM
Leistungsdichte	--	+	++	+
max. Wirkungsgrad	--	+	++	o
Reifegrad	++	++	+	-
Zuverlässigkeit	-	++	+	++
Aufbau (Kosten)	o	+	-	++
Regelung (Kosten)	++	o	-	-

2.2 Verlust- und Schädigungsmechanismen der PSM

Trotz des hohen Wirkungsgrads entstehen bei der PSM Verlustleistungen, die
in Form von Wärme abgeführt werden müssen und den Betriebsbereich ein-
schränken. Diese lassen sich in stromunabhängige und stromabhängige Verlustanteile aufteilen [63]:

Stromunabhängige Verluste

* Ummagnetisierungsverluste im Stator
* Magnetverluste durch Nutung und Stromwelligkeit
* Reibungsverluste

Stromabhängige Verluste

* Stromwärmeverluste der Statoreinzugswicklung
* Verluste durch die Stromverdrängung in der Wicklung
* Wirbelstromverluste

Die Verluste im Rotor sind in der Regel bei einer PSM im Vergleich zum Stator klein [33]. Abbildung 2.1 zeigt exemplarisch die Verlustanteile des Statorblechpakets, der Einzugswicklung, des Rotorblechpakets und der Magnete bei konstanter Temperatur im Bezug zu den elektromagnetischen Gesamtverlusten. Im niedrigen Drehzahlbereich dominieren bei hohen Momenten die Verluste in der Einzugswicklung. Bei hohen Drehzahlen und kleinen Momenten überwiegen die Verluste im Statorblechpaket. Der Verlustanteil der Magnete liegt im gesamten Kennfeld unter 10 %. Das Rotorblechpaket weist ebenfalls nur geringe Verlustanteile im gesamten Betriebsbereich auf. Durch die nachgelagerte Beschreibung und Modellierung der Verlustmechanismen in Kapitel 4 wird die Ursache für dieses Verhalten ersichtlich.

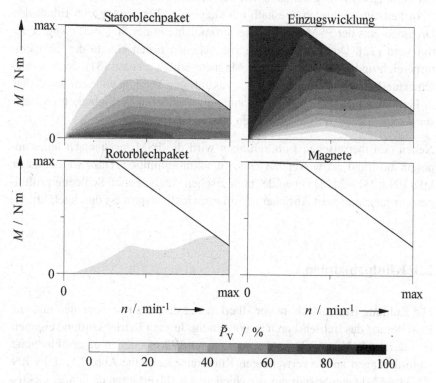

Abbildung 2.1: Verlustanteile in den Komponenten: Statorblechpaket, Einzugswicklung, Rotorblechpaket und Magnete

Thermisch limitierende Komponenten sind neben den Lagern die Permanentmagnete, die Isolierung der Blechpakete und der Einzeldrähte der Wicklung. Um die Dauerhaltbarkeit bzgl. thermischer Belastung sicherzustellen, findet nach DIN EN 60085 [25] eine Einteilung dieser elektrischen Isolierungen in thermische Klassen statt. Basierend auf dieser Norm verfügt die verwendete Maschine über Isolierungen der thermischen Klasse 180, d. h. die empfohlene maximale Dauergebrauchstemperatur für das Isoliersystem beträgt 180 °C.

Mit steigender Temperatur sinkt die Koerzitivfeldstärke der Permanentmagnete aus Neodym-Eisen-Bor (NdFeB) [62]. Somit steigt im Störfall durch Einwirken eines äußeren Magnetfelds auf die Magnete die Gefahr der dauerhaften Entmagnetisierung bei zu hohen Temperaturen [13]. Zusätzlich nimmt die Remanenzflussdichte ab, weshalb mit steigender Temperatur zum Erhalt des Drehmoments der PSM eine höhere Stromdichte in der Statorwicklung benötigt wird [72]. Durch den Einsatz von seltenen Erden könnte der Temperaturbereich und die Koerzivität der Magnete erhöht werden [31]. Jedoch deuten aktuelle Entwicklungen auf einen zukünftigen Verzicht von seltenen Erden in Permanentmagneten hin, um unabhängig von deren Verfügbarkeit und den stark schwankenden Rohstoffpreisen zu sein [14].

Neben den thermischen Limitierungen wird die PSM mechanisch unter anderem aufgrund der wirkenden Zentrifugalkräfte limitiert. Dazu werden nach DIN EN 60349-2 [26] neben der numerischen Analyse auch Schleuderprüfungen zur mechanischen Absicherung im Entwicklungsprozess durchgeführt.

2.3 Kühlprinzipien

Die Kühlung ist zum Schutz vor Überhitzung diverser Komponenten und zur Erweiterung des Betriebsbereichs notwendig. Je nach Betriebszustand ergeben sich durch die Verschiebung der dominanten Wärmequellen unterschiedliche Anforderungen an die verwendeten Kühlkonzepte (siehe Abb. 2.1). DIN EN 60034-6 [24] kategorisiert die verschiedenen Kühlverfahren drehender elektrischer Maschinen. Die wesentlichen Unterscheidungsmerkmale sind die Kühlkreisanordnung, das Kühlmittel und die Bewegungsart des Kühlmittels.

Bei der Kühlkreisanordnung werden verschiedene Varianten von offenen und geschlossenen Kühlkreisen unterschieden. Die einfachste Kühlkreisanordnung stellt der *freie Kühlkreis* dar. Dazu wird das Kühlmedium aus der Umgebung entnommen und im Anschluss zurückgeführt. In der automobilen Anwendung wird meist die *Zuführung und Abführung über Rohr oder Kanal* gewählt. Das verwendete nichtumgebende Kühlmedium gibt die Wärme über einen *getrennt angeordneten Wärmetauscher* ab.

In Traktionsantrieben finden die Kühlmedien *Luft*, *Wasser* und *Öl* Verwendung. Wasser eignet sich aufgrund der hohen Wärmekapazität als Kühlmittel, wobei i. d. R. ein Wasser-Ethylenglykol-Gemisch (WEG) verwendet wird. Aufgrund der elektrischen Leitfähigkeit besteht die Herausforderung in der Sicherstellung der Dichtheit über die gesamte Lebensdauer, damit kein Wasser mit stromführenden Komponenten in Kontakt kommt. Bei Verwendung von Ölen mit dielektrischen Eigenschaften besteht diese Anforderung nicht. Bei Antriebskonzepten, die neben der elektrischen Maschine über ein Getriebe verfügen, bietet sich daher die Verwendung des Getriebeöls zur Kühlung an.

Bei den Bewegungsarten des Kühlmittels wird z. B. unterschieden, ob das Kühlmittel durch eine zusätzlich *eingebaute, unabhängige Baugruppe* bewegt oder eine *freie Kühlung* basierend auf der Temperaturdifferenz im Medium stattfindet. Auch die *Eigenkühlung* aufgrund der fördernden Wirkung des drehenden Rotors stellt eine Möglichkeit zur Kühlung dar.

Je nach Einsatzzweck der elektrischen Maschine und den spezifischen Anforderungen an das Kühlkonzept sind verschiedene Kombinationen an Kühlkonzepten in Verwendung. Eine klassische Kühlung von elektrischen Maschinen in Fahrzeugen besteht aus einem ins Gehäuse integrierten Wassermantel in Form eines geschlossenen Kühlkreises und einem Wärmetauscher, der die aufgenommene Wärmeleistung an die Umgebung abgibt. Mit dieser Kühlanordnung kann der Rotor jedoch nur schwach gekühlt werden.

Zur direkten Kühlung des Rotors eignen sich Konzepte mit durchströmten Wellen. Ergänzt mit einer Öl-Eindüsung direkt in den Innenraum der elektrischen Maschine lassen sich sowohl Rotor als auch Stator inklusive der Wicklung kühlen. Die Kühlung der elektrischen Maschine kann in einem gemeinsamen Kühlkreis mit dem Getriebe oder einem separaten Kreislauf realisiert werden.

Aufgrund der höheren Viskosität und Dichte von Öl im Vergleich zu Luft steigen die hydraulischen Verluste im Öl-Kreislauf sowie die Schleppmomente der elektrischen Maschine an. [17]

Neue Kühlkonzepte verwenden eine direkte Kühlung der Einzugswicklung mittels Kühlkanälen. Möglich ist dies durch zusätzliche Kühlkanäle in der Statornut. Dabei werden z. B. per Spritzguss Kanäle innerhalb der elektrischen Maschine gefertigt [51]. Eine weitere Realisierungsmöglichkeit besteht in der Verwendung von hohlen Drähten, welche mit dem Kühlmedium durchströmt werden [74]. Diese Konzepte besitzen den Vorteil, dass das Kühlmedium gezielt sowie unabhängig von der Drehzahl geführt werden kann und keine weiteren Schleppmomente auftreten. Die zusätzlichen Komponenten sowie die Anforderungen an die Dichtheit des Systems führen jedoch zu einem erhöhten Fertigungsaufwand und damit zu höheren Kosten.

2.4 Nasslaufende permanenterregte Synchronmaschine

Nachfolgend liegt der Fokus auf einer nasslaufenden PSM, deren Aufbau sowie Kühlkonzept kurz erklärt werden.

2.4.1 Grundlegender Aufbau

In Abbildung 2.2 sind die Hauptkomponenten der PSM dargestellt. Das gezeigte Modell ist bereits für die CFD-Simulation aufbereitet, weshalb Details wie Schrauben und Gewinde nicht dargestellt werden. Auf der Rotorwelle ① sind das Rotorblechpaket (RBP) ② aus zueinander isolierten Elektroblechen sowie die beiden Wuchtscheiben ③ montiert. Die Wuchtscheiben erfüllen mehrere Funktionen. Neben dem Materialvorhalt für das Wuchten dienen diese zur Fixierung des Blechpakets sowie der Magnete und können auch zur Strömungsführung im Innenraum eingesetzt werden. Innerhalb des Blechpakets befinden sich die vergrabenen NdFeB-Magnete (MAG), die zusammen einen achtpoligen Rotor bilden. Über zwei Lager ④ ist der Rotor mit dem Gehäuse ⑤ verbunden. In das Gehäuse ist direkt über dem Statorblechpaket (SBP) ⑥ ein helixförmiger Wassermantel integriert. Durch die Nuten des Blechpakets verläuft die verteilte, zweischichtige Statoreinzugswicklung (SW) ⑦.

① Rotorwelle

② Rotorblechpaket

③ Wuchtscheibe

④ Lager

⑤ Gehäuse

⑥ Statorblechpaket

⑦ Statoreinzugswicklung

Abbildung 2.2: Grundlegender Aufbau der verwendeten PSM mit Schnittdarstellung des Stators

2.4.2 Kühlkonzept

Abbildung 2.3 zeigt analog zum Aufbau der PSM die Fluidräume der beiden Kühlkreisläufe. Ein Kühlkreis ist direkt mit dem Getriebe gekoppelt und führt das Getriebeöl über die jeweils paarweise in der Rotorwelle ① nahe der Stirnseiten des Rotors ② angebrachten Stufendüsen zu. Durch den direkten Kontakt des Kühlmediums mit den rotierenden Bauteilen und der Statorwicklung sollen die Wärmeverluste auf kurzem Weg ohne aufwendig integrierte Kühlkanäle abgeführt werden. Bei der Erprobung auf dem EM-Leistungsprüfstand wird die PSM ohne Getriebe betrieben und das Öl wird über Öffnungen im stirnseitigen Fluidraum in ein zweites kapselndes Gehäuse abgeleitet. Durch das Öl im Innenraum steigt das Risiko für erhöhte Schleppverluste, da dessen Viskosität und Dichte deutlich größer als jene von Luft sind. Insbesondere

ist die Befüllung des Spalts zwischen Rotor und Stator ③ mit Öl wegen der
großen Geschwindigkeitsgradienten in diesem Bereich zu verhindern. Bei diesen sogenannten nasslaufenden Elektromotoren besteht daher die Herausforderung, das Öl gezielt zur Kühlung einzusetzen und gleichzeitig die Schleppverluste möglichst gering zu halten. Der zweite Kreislauf besteht aus einem
ins Gehäuse integrierten Wassermantel ④, in dem als Kühlmittel ein WEG
verwendet wird.

① Rotorwelle mit Düsen

② Stirnseiten

③ Spalt

④ Wassermantel

Abbildung 2.3: Schnittdarstellung des Fluidraums der verwendeten PSM

Die Stoffdaten vom WEG und dem verwendeten Getriebeöl können den An-
hängen A1.2 und A1.1 entnommen werden. Des Weiteren zeigt Anhang A.2
den schematischen Aufbau der Kühlkreisläufe der PSM.

2.5 Stand der Technik – Simulation und Analyse

Die thermische Absicherung von Elektromotoren beinhaltet neben der Modellierung der Struktur auch die Strömungssimulation der Kühlmedien. Ein Über-
blick über simulative Methoden und deren Diskussion findet sich in [15].

Das aktuelle Vorgehen zur thermischen Absicherung aus Sicht der detaillierten, dreidimensionalen Simulation ist in Abbildung 2.4 dargestellt.

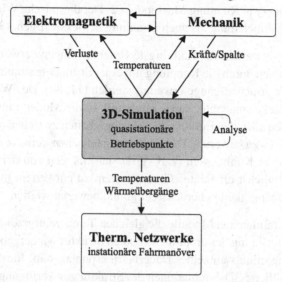

Abbildung 2.4: Thermische Absicherung elektrischer Maschinen

Zur Einbindung der elektrischen Maschine in die Thermomanagementsimulation des Gesamtfahrzeugs sind Modelle mit geringen Rechenzeiten notwendig, die die Auslegung und Dimensionierung des Kühlkonzepts sowie die Berechnung von Komponententemperaturen in transienten Fahrmanövern ermöglichen. Dazu werden die komplexen dreidimensionalen Geometrien zu thermischen Netzwerken vereinfacht, indem eine Aufteilung in einzelne Massepunkte und thermische Widerstände zwischen den Punkten erfolgt. In Abbildung 2.5 ist exemplarisch ein Netzwerk mit zwei Massepunkten dargestellt.

Abbildung 2.5: Prinzipdarstellung eines thermischen Netzwerks nach [30]

Durch die Einbringung der Verlustleistung P_V erwärmt sich der Massepunkt 1. Aufgrund der entstehenden Temperaturdifferenz zwischen den Knoten entsteht ein Wärmestrom $\dot{Q}$ in Richtung Massepunkt 2. Der thermische Widerstand R_{th} kann sowohl Wärmeleitung als auch Strahlung berücksichtigen. [30]

Diese Netzwerke werden für vielfältigste Untersuchungen verwendet [10, 30, 46, 68] und können durch die Kopplung mit einer Strömungssimulation zur Berechnung der Wärmeübergänge erweitert werden [11, 88]. Des Weiteren wird teilweise die Elektromagnetik sowie Hydraulik in die Modelle integriert [15]. Dieses Vorgehen hilft, den Einfluss der Abhängigkeiten zwischen den verschiedenen Disziplinen zu bewerten. Die elektromagnetischen Verluste und die Stoffeigenschaften der Kühlmedien (z. B. Viskosität) hängen von der Temperatur ab. Um ein möglichst effizientes Gesamtsystem zu entwerfen, muss der Einfluss dieser Abhängigkeiten berücksichtigt und bewertet werden.

Damit diese vereinfachten Modelle die gleichen Temperaturgradienten wie die detaillierte Berechnung der dreidimensionalen Struktur wiedergeben, findet eine Kalibrierung mittels einzelner Dauerbetriebspunkte statt. Idealerweise stehen dafür detaillierte 3D-Simulationen der Struktur zur Verfügung, um bereits in einer frühen Phase ohne Messergebnisse vom Prüfstand kalibrieren zu können. Für beide Vorgehensweisen müssen die Wärmeübergänge ins Kühlmedium über Experimente, analytische Ansätze oder mittels CFD-Simulationen ermittelt werden.

Aufgrund der Interaktionen der verschiedenen Disziplinen findet auch bei der dreidimensionalen Berechnung der quasistationären Zustände ein Austausch zwischen Elektromagnetik und Mechanik statt, um die gegenseitigen Effekte zu berücksichtigen.

2.5.1 3D-Simulation

Die dreidimensionale Simulation befasst sich mit der thermischen Berechnung der Struktur sowie der Strömungssimulation der Kühlmedien. Die Simulation liefert sowohl Daten zur Kalibrierung der thermischen Netzwerke als auch zur Absicherung ausgewählter Betriebspunkte. Dadurch steigt der Reifegrad und die Dauer des Entwicklungsprozesses sinkt, wenn bereits in einer frühen Phase eine digitale Absicherung des Elektromotors stattfindet.

Strömungssimulation der Kühlmedien

Die Strömungssimulationen lassen sich in drei Teilbereiche aufteilen:

- Gehäuseumströmung
- Integrierte Kühlkanäle
- Innenraumströmungen

Bei der Gehäuseumströmung mittels externer Gebläse ist das verwendete Kühlmedium Luft [18]. Aufgrund des nötigen Bauraums für ein externes Gebläse sowie anderer Nachteile findet diese Kühlungsart bei Traktionsantrieben für Fahrzeuge in der Regel keine Anwendung.

Weit verbreitet ist die Kühlung mittels integrierter Kühlkanäle, welche mit einer Kühlflüssigkeit durchströmt werden. Diese Kühlkanäle können sowohl im Stator als auch in der Rotorwelle integriert werden [17]. Aus diesem Grund gibt es für einphasige Kanalströmungen verschiedene Anwendungsbeispiele [11, 49, 80].

Im Gegensatz zu Kühlkanälen ist die Innenraumströmung aufgrund der hohen Drehzahlen und kleinen Spalte mit hohen Relativgeschwindigkeiten komplexer. In diesem Bereich wird zwischen ein- und mehrphasigen Strömungen unterschieden. Befindet sich nur Luft im Inneren, kann der Einfluss auf die Schleppmomente und die Kühlung mittels einphasiger CFD-Simulationen berechnet werden. Die elektrische Maschine kann vollständig gekapselt sein [44] oder die Luft wird aus der Umgebung zu- und abgeführt [87]. Neben Luft kann der Innenraum auch komplett mit Öl gefüllt werden, wodurch allerdings erhöhte Schleppverluste entstehen [70]. Wird das Öl in Form eines Strahls über feststehende Düsen im Gehäuse oder rotierend über die Welle in den Innenraum eingebracht, bildet sich eine mehrphasige Strömung aus. Bei Kontakt des Öls mit den rotierenden Komponenten steigen die Schleppverluste an. Für diese Kühlungsart liegen bisher nur wenige Strömungssimulationen vor [48, 85].

Dies liegt unter anderem daran, dass die mehrphasige Strömung keinen stationären Zustand einnimmt und somit die Komplexität und die Rechenintensität gegenüber einphasigen Rohrströmungen ansteigt.

Aus dem Bereich der Getriebeentwicklung stammen Berechnungsansätze zur Simulation der Mehrphasenströmung und Kühlung elektrischer Maschinen ohne Volumengitter [54, 86]. Details zu diesen partikelbasierten Strömungssimulationen finden sich in [29].

Strukturberechnung

Ist für die Wärmeabfuhr die Struktur und nicht nur der Wärmeübergang ins Kühlmedium limitierend, reicht eine reine Strömungssimulation nicht aus. In diesem Fall ist die Kenntnis der temperaturkritischen Bereiche und der Wärmeströme zur Verbesserung des Kühlkonzepts notwendig, um gezielt die Strömungsführung zu beeinflussen. Die Temperaturverteilung lässt sich mit einer dreidimensionalen Berechnung der Struktur des Elektromotors bestimmen. Dadurch ist die Berücksichtigung komplexer geometrischer Formen ebenso möglich wie die Bewertung des Einflusses der Verluste durch deren detaillierte dreidimensionale Einprägung in die Struktur [15]. Zur Lösung der zugrundeliegenden Fourierschen Differentialgleichung der Wärmeleitung kann die FiniteElemente-Methode (FEM) eingesetzt werden. Jedoch kommen bei den meisten kommerziellen CFD-Programmen Finite-Volumen-Methoden auch zur Lösung der Wärmeleitung im Solid zum Einsatz.

Kopplung zwischen Fluid und Struktur

Die gekoppelte thermische Berechnung von Fluid- und Festkörpergebieten wird als Conjugate Heat Transfer (CHT) bezeichnet. Mit diesem Ansatz sind die Wärmeströme und die gegenseitigen Wechselwirkungen der Lösungsgebiete berechenbar. Die Stabilität der CHT-Simulationen kann durch die Vorgabe der Wandtemperatur auf der Fluidseite (Dirichlet-Randbedingung) und die Definition des Wärmeübergangskoeffizienten mit zugehöriger Referenztemperatur auf der Festkörperseite (Neumann-Randbedingung) gewährleistet

werden. In praktischen Anwendungsfällen treten oft unterschiedliche Zeitskalen in Fluid und Festkörper auf. Bei der Suche nach einer stationären Lösung
dieser Fälle besteht die Möglichkeit die Rechenzeit durch die Verwendung unterschiedlicher Zeitskalen in den beiden Teilgebieten zu reduzieren. [37]

Verwendung findet die CHT-Simulation bei der Wärmestromanalyse luftge-
kühlter Generatoren [81]. Aufgrund der vergleichsweise geringen Komplexität der einphasigen Strömungssimulation besteht die Möglichkeit zusätzlich
zur Kopplung mit der Temperaturberechnung die elektromagnetischen Modelle direkt einzubinden [53]. Auch für nasslaufende Elektromotoren sind erste
Kopplungsansätze trotz des erhöhten Aufwands verfügbar [48, 85].

Weitere Einsatzbereiche der CHT-Simulation sind zum Beispiel die Auslegung
der Brennstäbe von Kernkraftwerken sowie die Kühlmäntel und die Kolbenkühlung in Verbrennungsmotoren. Ähnlich wie bei nasslaufenden Elektromotoren wird bei der Kolbenkühlung eine mehrphasige Öl-Luft-Strömung zur
Kühlung eines Festkörpers verwendet [59]. Die auftretenden Herausforderungen bzgl. unterschiedlicher Zeitskalen und bewegten Komponenten sind vergleichbar. Jedoch treten in Elektromotoren aufgrund der hohen Drehzahlen
größere Relativbewegungen zwischen Öl-Strahl und Festkörper auf.

2.5.2 Analyse

Zur Entwicklung eines vorhersagefähigen Simulationsmodells gehört die Validierung der Ergebnisse mittels Messdaten. Zur Bewertung der Zweiphasenströmung und Kühlwirkung in nasslaufenden Elektromotoren bieten sich als
Grundlage die Messung von Temperaturen sowie die Visualisierung und Quantifizierung der Strömung an.

Temperaturen

Zum Abgleich ist die Kenntnis der Temperaturverteilung in Simulation und
Versuch notwendig. Dazu sind mehrere Messtechniken denkbar.

Thermokameras liefern eine räumliche Verteilung der Temperatur auf der Oberfläche. Ein Blick in die Struktur ist nicht möglich. Anwendung finden diese

Kameras im Bereich der Fehlerdiagnostik, wenn sich der fehlende Kontakt zwischen Bauteilen oder andere Schadensfälle auf die Temperaturverteilung auf der Oberfläche auswirken [83].

Bei der Temperaturmessung mittels Back Electromotive Force (Back-EMF) wird die induzierte Spannung in der Statorwicklung bei offenen Klemmen und einer definierten Drehzahl gemessen. Mit Hilfe der tabellierten Klemmspannungen auf verschiedenen Temperaturniveaus kann die mittlere Temperatur der Magnete bestimmt werden, wobei das Messprogramm unterbrochen werden muss. [30]

Die vorherigen Messmethoden haben den Vorteil, dass keine zusätzlichen Komponenten innerhalb der Struktur des Elektromotors verbaut werden müssen. Für den örtlichen Abgleich von Temperaturen innerhalb des Elektromotors in verschiedenen Komponenten – Einzugswicklung, Magnete sowie Rotor- und Statorblechpaket – sind diese Methoden nicht geeignet. Zur Ermittlung dieser Temperaturen müssen Thermoelemente verbaut werden. Unter Verwendung einer optischen Datenübertragung aus dem Rotor liefern Thermoelemente vom Typ K mit der geeigneten Auswertetechnik hochwertige Ausgangssignale, die nur gering durch die elektromagnetischen Felder gestört werden [34].

Aus diesen Gründen werden für den späteren Abgleich der Temperaturen innerhalb des Elektromotors zwischen Simulation und Prüfstand Thermoelemente eingesetzt.

Optische Diagnostik

Die qualitative wie quantitative Analyse von Strömungen ist mittels optischer Diagnostik möglich. Im Bereich der innermotorischen Verbrennung gehört die optische Diagnostik durch aufwendige Untersuchungen an teiltransparenten Ein-Zylinder-Motoren zum Standardentwicklungsprozess. Neben der Darstellung des Strömungsfelds in Schnittebenen des Brennraums und dessen Abgleich mit der Large Eddy Simulation (LES) [64] werden die Ausbreitung des Einspritzstrahles und der Flammfront optisch erfasst, vermessen und mit CFD-Simulationen verglichen [41].

Ähnlich wie bei den CFD-Simulationen der Mehrphasenströmung in nasslaufenden elektrischen Maschinen ist die Diagnostik ein wachsendes Forschungsgebiet. In [22] wird die Kühlung des Wickelkopfes mittels Öl-Strahlen aus stationären Düsen untersucht. Des Weiteren wird der Einfluss des rotierenden Rotors auf das abfließende Öl analysiert und schematisch dargestellt. Eine Gegenüberstellung zwischen Messungen und Simulationen kommt wiederum aus dem Bereich der Schmierung von Getrieben [52]. Das Fluid wird dem vereinfachten Getriebe über ein im Öl-Sumpf befindliches Zahnrad zugeführt.

Der Tropfenzerfall von rotierenden Flüssigkeitsstrahlen ist in zahlreichen industriellen und wissenschaftlichen Anwendungen von Interesse. In [93] ist im Unterschied zum betrachteten Elektromotor keine Stufendüse verbaut, die Flüssigkeit wird nicht über eine mit Druck beaufschlagte Welle zugeführt und die Drehzahlen sind relativ gering ($<300\,\mathrm{min}^{-1}$).

Beim Einsatz von nasslaufenden Elektromotoren sind aktuell keine geeigneten sowie validierten 3D-Simulationen zur Kalibrierung von thermischen Netzwerken vorhanden. Somit basiert dieser Abgleich ausschließlich auf Versuchsdaten, wodurch eine valide Absicherung transienter Fahrmanöver erst spät im Entwicklungsprozess stattfindet. Das Ziel der Arbeit ist die Entwicklung einer Methodik zur Berechnung der Mehrphasenströmung und deren Kühlwirkung, um eine thermische Vorauslegung bereits zu einem frühen Zeitpunkt im Entwicklungsprozess durchführen zu können.

3 Methodisches Vorgehen

Das 3-Ebenen-Vorgehensmodell ist ein für multidisziplinäre Belange optimiertes Vorgehensschema zur Entwicklung von Produkten. Ausgehend von der Systemebene unterteilt sich der Produktentwicklungsprozess in die multidisziplinären Teilsysteme und deren Komponenten. Die V-Form symbolisiert die Querbezüge innerhalb der einzelnen Ebenen zwischen der Entwicklung und der Integration sowie Validierung der Modelle. [9, 61]

Zur Auslegung von Kühlsystemen sind neben den Verlustmechanismen ebenfalls Kenntnisse über das Verhalten der Struktur und des Kühlkonzepts notwendig. Die Entwicklung einer Methodik zur Kühlungsberechnung von elektrischen Maschinen stellt somit ebenfalls eine multidisziplinäre Aufgabenstellung dar. Abbildung 3.1 zeigt das adaptierte Vorgehensmodell für die Entwicklung und Validierung eines Berechnungsmodells zur Bewertung der Mehrphasenströmung und deren Kühlwirkung in nasslaufenden Elektromotoren.

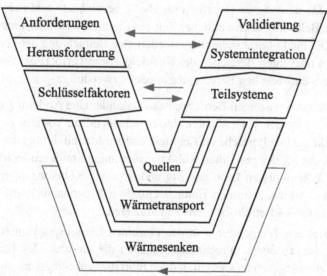

Abbildung 3.1: Adaptiertes 3-Ebenen-Vorgehensmodell nach [61]

© Der/die Autor(en), exklusiv lizenziert durch
Springer Fachmedien Wiesbaden GmbH, ein Teil von Springer Nature 2020
C. Beck, *Numerische Analyse der Zweiphasenströmung und Kühlwirkung in
nasslaufenden Elektromotoren*, Wissenschaftliche Reihe Fahrzeugtechnik
Universität Stuttgart, https://doi.org/10.1007/978-3-658-32607-4_3

3.1 Anforderungen an die Systemsimulation

Die Anforderungen an das Berechnungsmodell ergeben sich aus den Fragestellungen im Entwicklungsprozess und umfassen neben der Vorhersagegüte auch die dazu notwendige Rechenzeit bis zur Bereitstellung der Ergebnisse. Erfahrungsgemäß steigt die Akzeptanz der Berechnungsmodelle mit zunehmender Qualität und sinkender Rechenzeit gleichermaßen.

3.1.1 Vorhersagegüte

Wie bereits in Abschnitt 2.2 beschrieben, wird der Betriebsbereich der elektrischen Maschine aufgrund der Erwärmung einzelner Komponenten eingeschränkt. Die Anforderung an die Vorhersagegüte beschränkt sich zunächst auf den Abgleich von Temperaturen in Dauerbetriebpunkten, da das transiente Verhalten mittels thermischer Netzwerke abgebildet wird. Nach DIN EN 60034-1 [23] wird dieser Dauerbetrieb als S1 bezeichnet, wodurch sich bei konstanter Belastung nach endlicher Zeit ein thermischer Beharrungszustand einstellt. Die Funktionsabsicherung erfordert eine Betrachtung der Temperaturen in allen relevanten Bereichen des Kennfelds. Somit erfolgt die Bewertung der Güte des entwickelten Berechnungsmodells zweistufig:

1. Zwischen den einzelnen Betriebszuständen findet eine Änderung der Temperaturen statt. Diese Gradienten sind entscheidend zur Vorhersage der temperaturkritischen Bereiche im Kennfeld und zur Identifizierung der Komponenten, die bei der gewählten Kühlkreisanordnung limitierend wirken. Mit diesen Erkenntnissen kann das zugrundeliegende Kühlkonzept frühzeitig angepasst werden, um den Einfluss einzelner Komponenten auf die Einschränkung des Betriebsbereichs zu reduzieren.

2. Die absoluten Temperaturen in den einzelnen Betriebspunkten stehen im Fokus, wenn mittels Berechnungsmodellen die Grenzen des Betriebsbereichs vorausberechnet werden. Jedoch führt dies zur Steigerung der Anforderungen an die Modellierungstiefe der Subsysteme, da anstatt der Abbildung der qualitativen Effekte eine quantitative Berücksichtigung notwendig ist. Die Grenzen des Betriebsbereichs legen fest, ob die im Lastenheft definierte Zielleistung P_{Ziel} erreicht oder aufgrund der vorzeitigen thermischen

Limitierung einzelner Komponenten des Elektromotors verfehlt wird. Erwärmt sich eine Komponente bis zur limitierenden Temperatur θ_{lim}, folgt eine Reduzierung der Leistung. In Abbildung 3.2 sind zwei mögliche Szenarien für die simulative Vorhersage exemplarisch der Messung gegenübergestellt, um die Notwendigkeit einer guten Vorhersagegüte zu unterstreichen. In der Realität ist die Bewertung komplexer, da die Auslegung für den gesamten Betriebsbereich erfolgen muss.

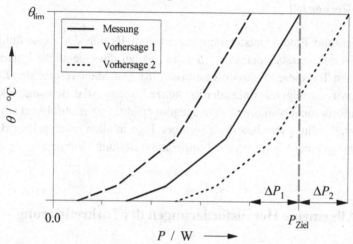

Abbildung 3.2: Zieldefinition der Kühlkonzeptauslegung

Ist die Vorsage der Simulation im Vergleich zur realen Messung wie in Fall 1 zu pessimistisch, findet eine Unterschätzung der erzielbaren Leistung um den Betrag ΔP_1 statt. In Fall 2 tritt eine Überschätzung der Kühlleistung auf, wodurch die simulativ vorhergesagte Leistung um den Betrag ΔP_2 zu hoch ist. In beiden Fällen entstehen Kosten, die durch eine verbesserte Vorhersagegüte verhinderbar sind. In Fall 1 folgt eine weitere Auslegungsschleife zur Eliminierung des vermeintlichen Leistungsdefizits mit Hilfe eines verbesserten Kühlkonzepts. Bei einer Überschätzung wie in Fall 2 wird während der simulativen Auslegung der Aufwand des Kühlkonzepts reduziert. In der Folge ist der Elektromotor auf dem Prüfstand vor dem Erreichen der Zielwerte thermisch limitiert.

Das entwickelte Berechnungsmodell der nasslaufenden PSM soll beide Stufen der Vorhersagegüte abdecken. Der Aspekt einer detaillierten Beschreibung der Strömung im Elektromotor hat in diesem Fall eine untergeordnete Rolle für eine systemische Betrachtung und ist Bestandteil der nachgelagerten Weiterentwicklung der Subsysteme.

3.1.2 Rechenzeit

Der gesamte Produktentstehungsprozess vom Beginn der Zieldefinition bis zum Produktionsstart dauert 3 - 5 Jahre, wobei die eigentliche Entwicklung nur einen Teil dieses Zeitraums umfasst [38]. Der Mehrwert für den Entwicklungsprozess steigt mit sinkender Rechenzeit, solange das Berechnungsmodell die Anforderungen an die Vorhersagegüte erfüllt. Das nachfolgend entwickelte Modell sollte daher innerhalb weniger Tage in allen untersuchten Betriebspunkten zu einer konvergierten Temperaturverteilung führen.

3.2 Allgemeine Herausforderungen der Diskretisierung

Zur Erfüllung der Anforderungen bei der Berechnung der in Kapitel 2 vorgestellten PSM ergeben sich einige Herausforderungen. Die Entwicklung des Berechnungsmodells wird durch diverse aufzulösenden Phänomene auf den unterschiedlichsten Größenskalen beeinflusst, welche sich auf die räumliche und zeitliche Diskretisierung auswirken.

3.2.1 Zeitskalen

Bei der Simulation komplexer Systeme können die unterschiedlichen Zeitskalen der abzubildenden Phänomene zu großen Rechenzeiten führen, wenn die klein- als auch die großskaligen Erscheinungen für das Gesamtsystem relevant sind. Bei der Berechnung der Bauteiltemperaturen in Dauerbetriebspunkten elektrischer Maschinen ist das Ziel die Vorhersage eines thermischen Beharrungszustands. Nachfolgend findet eine Abschätzung der auftretenden Zeitskalen statt, um geeignete Methoden für die Submodelle und deren Integration zum Gesamtsystem zu beschreiben.

Die thermische Zeitkonstante zum Erwärmen eines Körpers mit konstantem Wärmeeintrag und konstanter Wärmeabfuhr berechnet sich nach [16]:

$$\tau_{\text{th}} = \frac{cm}{\alpha A}$$

Gl. 3.1

mit

τ_{th}	thermische Zeitkonstante	/ s
c	spezifische Wärmekapazität	/ $J\,(kg\,K)^{-1}$
m	Masse	/ kg
α	Wärmeübergangskoeffizient	/ $W\,m^{-2}\,K^{-1}$
A	Oberfläche	/ m^2

Nach Ablauf der Zeit $t = \tau_{\text{th}}$ ist der thermische Ausgleichsvorgang zu 63.2 % abgeschlossen. Im vorliegenden Fall liegt dieser Wert bei > 60 s.

Im Bereich der mehrphasigen Strömung sind mehrere Effekte zu berücksichtigen. Auf die charakteristischen Zeitskalen der Turbulenz und des Tropfenzerfalls wird nicht eingegangen.

Entscheidend sind jedoch die Diskretisierung der Rotation der elektrischen Maschine und des Befüllungsvorgangs. Phänomene in drehenden Systemen sind i. d. R. mit der Drehfrequenz periodisch oszillierend. Zur Abschätzung der Zeitschrittweite bei Strömungssimulationen im drehenden Gebiet wird ein konstanter Drehwinkel des Rotors pro Zeitschritt vorausgesetzt. In Abhängigkeit der Längenskalen der aufzulösenden Strömungsstrukturen kann der charakteristische Zeitschritt nach Gl. 3.2 berechnet werden.

$$\tau_n = \frac{\Delta\beta}{360°}\,\frac{60}{n}$$

Gl. 3.2

mit

τ_n	rotatorische Zeitkonstante	/ s
$\Delta\beta$	Drehwinkel pro Zeitschritt	/ °
n	Drehzahl	/ min^{-1}

Somit ist der Zeitschritt zur Berücksichtigung der Strömung im Innenraum des Elektromotors umgekehrt proportional zur Drehzahl. Die Wahl des Drehwinkels pro Zeitschritt hängt von der Längenskala des betrachteten Phänomens ab. Für den Innenraum und die Ausbreitung des Öl-Strahls auf dem Wickelkopf wird eine Basisschrittweite von 1° angestrebt. Daraus ergeben sich Zeitschritte, die im Bereich von $1000\,\text{min}^{-1}$ unter $200\,\mu s$ und bei $10000\,\text{min}^{-1}$ unter $20\,\mu s$ liegen. Die Zeitschrittweite für die Berechnung des Spalts zwischen Rotor und Stator muss geringer sein, da die zu erwartenden Strömungsstrukturen kleiner als die Spalthöhe von $0.8\,\text{mm}$ sind. Mit einer Schrittweite von 1° beträgt die Gitterbewegung pro Zeitschritt $1.5\,\text{mm}$ im Spalt. Somit wäre eine räumliche Erfassung der Strukturen nicht möglich.

Erst nach dem Erreichen eines im Mittel konstanten Füllstands kann die Temperatur einen konvergierten Zustand einnehmen. Unter Vernachlässigung der Zeit zwischen Öl-Einbringung und dem Auftreffen auf dem Wickelkopf, des Einflusses der Zentrifugalbeschleunigung und der wirkenden Reibungskräfte kann eine gravimetrische Zeitkonstante abgeschätzt werden. Mit Gl. 3.3 berechnet sich diese Konstante aus der Beschleunigung und der zurückzulegenden Strecke vom obersten Punkt des Innenraums entlang des Gehäuses zum Auslass.

$$\tau_g = \sqrt{\frac{\pi D}{g}} \hspace{5cm} \text{Gl. 3.3}$$

mit

τ_g	gravimetrische Zeitkonstante	/ s
D	Durchmesser (Innenraum)	/ m
g	Gravitationsbeschleunigung	/ $m\,s^{-2}$

Diese Zeit beträgt in etwa $1\,s$ und ist somit deutlich geringer als die Zeitspannen, mit der sich die Struktur erwärmt. Beide Zeitskalen sind unabhängig von der Drehgeschwindigkeit des Elektromotors.

Wie zuvor beschrieben bleibt die Zeit bis zur Konvergenz der Massenströme zwischen Ein- und Auslass für alle Betriebspunkte nahezu die gleiche. Infolge steigen mit der Drehzahl die zu berechnenden Zeitschritte in der Simulation proportional an.

3.2.2 Längenskalen

Bei den abzubildenden Längenskalen findet eine Aufteilung in die Struktur der Festkörper und in die Fluide statt.

Struktur der Festkörper

Neben den mechanisch notwendigen Komponenten wie dem Gehäuse, der Rotorwelle und den Blechpaketen sind in Elektromotoren zahlreiche Materialien zur elektrischen Isolierung verbaut. Deren Zweck besteht in der Gewährleistung des Betriebs und in der Steigerung des Wirkungsgrades. Nach dem Wiedemann-Franzschen Gesetz haben diese Materialien unmittelbaren Einfluss auf die Temperaturleitfähigkeit, weshalb die dünnen Beschichtungen in thermischen Modellen berücksichtigt werden müssen [55]. In Tabelle 3.1 sind die Dimensionen der kleinskaligen Bestandteile aufgelistet.

Tabelle 3.1: Räumliche Dimensionen verschiedener Komponenten

Komponente	Größe	Einheit	Anmerkung
Kupferdraht	$\varnothing 0.5 - 0.6$	mm	–
Isolierung um Draht	2 - 3	µm	zus. Vergussmaterial
Elektroblechdicke	0.25 - 0.35	mm	–
Isolierung auf Elektroblech	5 - 10	µm	beidseitig
Isolierpapier	0.3	mm	partiell überlappend

Zwischen einzelnen Komponenten sind bedingt durch die Fertigung sowie durch die thermischen und mechanischen Belastungen Spalte im Bereich weniger Mikrometer vorhanden, die die Wärmeleitfähigkeit verringern. Da das entwickelte Modell den gesamten Elektromotor mit einem Außendurchmesser von 0.25 m und einer Länge von 0.3 m umfasst, ist die Berücksichtigung der kleinen Dimension bei gleichzeitig handhabbarer Modellgröße herausfordernd.

Fluide

Der in Abbildung 2.3 dargestellte Fluidraum der elektrischen Maschine wird hauptsächlich durch den Durchmesser (0.22 m) und die Länge (0.05 m) der stirnseitigen Innenräume sowie der Länge (0.16 m) und der Höhe (0.8 mm) des Spalts zwischen Rotor und Stator charakterisiert. Neben den Dimensionen des Fluidraums sind die Durchmesser etwaiger Öl-Tröpfchen und Öl-Filmdicken der mehrphasigen Strömung aufzulösen.

Bildung von Öl-Tröpfchen: Der Öl-Volumenstrom wird über vier Stufendüsen in den Innenraum eingebracht. Die kleinere Bohrung hat dabei einen Durchmesser von 1.5 mm. Bei der Abschätzung, ob es bei der Eindüsung zur Bildung von Tröpfchen kommt, werden die beiden in Abbildung 3.3 dargestellten Fälle unterschieden. Ist die Drehzahl im Vergleich zur radialen Ausbreitungsgeschwindigkeit zu gering, verlässt der Strahl die Stufendüse ohne die Wand der großen Bohrung der Düse zu berühren (siehe Abb. 3.3(a)). Mit steigender Drehzahl wächst die relative Ablenkung zur Mittelachse der Düse, wodurch der Strahl auf die Wand der großen Bohrung trifft und von dort abströmt.

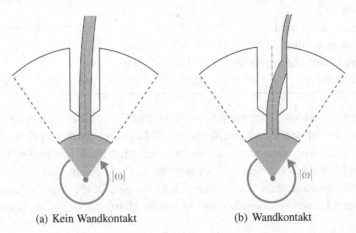

(a) Kein Wandkontakt   (b) Wandkontakt

Abbildung 3.3: Schematische Darstellung der relativen Strahlablenkung aufgrund der Rotation

Die Klassifizierung für die beiden Fälle wird mittels der nachfolgenden Ansätze abgeschätzt:

1. Ohnesorge-Diagramm:
   Unter der Annahme einer stehenden Rotorwelle und der Eindüsung in ein Gebiet mit atmosphärischem Druck ist eine Einordnung der Zerfallsmechanismen in mehrere Klassen möglich [69]. Mit Hilfe der dimensionslosen Ohnesorge-Zahl und Reynolds-Zahl kann diese Klassifizierung für verschiedene Flüssigkeiten sowie Düsendurchmesser erfolgen [20]. Die Ohnesorge-Zahl stellt eine Kombination aus Weber- und Reynolds-Zahl dar:

$$Oh = \frac{\mu_f}{\sqrt{\sigma_S \rho_f D_D}} \qquad \text{Gl. 3.4}$$

mit

Oh	Ohnesorge-Zahl	/ -
μ_f	dynamische Viskosität	/ kg (m s)$^{-1}$
σ_S	Oberflächenspannung	/ N m^{-1}
ρ_f	Dichte	/ kg m^{-3}
D_D	Düsendurchmesser	/ m

Die Definition der Reynolds-Zahl des eingebrachten Flüssigkeitsstrahls ist:

$$Re = \frac{\rho_f v D_D}{\mu_f} \qquad \text{Gl. 3.5}$$

mit

Re	Reynolds-Zahl	/ -
v	Geschwindigkeit	/ m s^{-1}

In Abbildung 3.4 sind unter der Annahme von Umgebungsdruck im Innenraum des Elektromotors die zu erwartenden Zerfallsmechanismen für die Temperaturen 80 °C sowie 120 °C dargestellt. Bezogen auf alle Düsen werden bei konstanter Düsengeometrie jeweils die Volumenströme 2, 4 und 8 l min^{-1} untersucht.

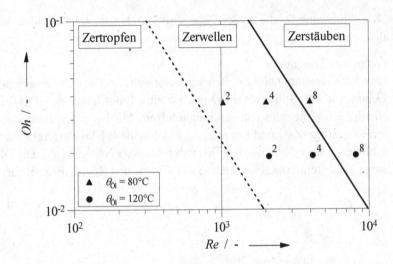

Abbildung 3.4: Strahlzerfall nach [20] bei Volumenstromvariation (2, 4 und $81 \mathrm{min}^{-1}$) bei konstanter Düsengeometrie

Die eingezeichneten Grenzen zwischen dem Zertropfen, dem Zerwellen und dem Zerstäuben beschreiben die Lagen der Übergangsgebiete. Die Eindüsung der betrachteten Öl-Mengen findet somit für beide Temperaturen im Übergangsbereich statt, weshalb die Bildung von Tropfen aufgrund von Zerstäubungsmechanismen möglich ist. Infolgedessen wird der Öl-Strahl nach dem Verlassen der Düse in Tröpfchen aufbrechen.

2. Rotationszerstäuber:
Nach Abbildung 3.3 (b) kann sich der Öl-Strahl an der großen Bohrung anlegen. Für diesen Fall wird zusätzlich eine Klassifizierung auf der Grundlage der Vorgänge in Rotationszerstäubern durchgeführt. In [75] werden verschiedene Formen von Rotationszerstäubern untersucht und Berechnungsansätze zur Tropfenbildung vorgestellt. Die Bildung von Tropfen wird in die Bereiche Abtropfen, Faden- und Lamellenbildung unterteilt. Zur Berechnung des Tropfendurchmessers D_{Tr} sind im Bereich der Fadenbildung mehrere Ansätze vorhanden. Dieser Bereich zeichnet sich durch eine gleichmäßige Tropfengröße aus. Die in Abbildung 3.4 untersuchten Volumenströme liegen im Bereich der Fadenbildung. Bei der Annahme der Rotorwelle als genutete Scheibe vergrößert sich der Bereich der Fadenbildung.

Tabelle 3.2 enthält eine Abschätzung der auftretenden Tropfengrößen nach der Zerstäubung.

Tabelle 3.2: Abschätzung der Tropfengrößen am Rotationszerstäuber

n / min^{-1}	$\dot{V}$ / lmin^{-1}	θ / °C	D_{Tr} / mm
1000	2	80	0.69
1000	4	80	0.84
1000	8	80	1.86
10000	2	80	0.10
10000	4	80	0.12
10000	8	80	0.14

Die Tropfengrößen variieren in Abhängigkeit von der Drehzahl und vom Volumenstrom um eine Größenordnung.

Öl-Film am Rotor: Neben der dispersen Mehrphasenströmung aufgrund der Öl-Strahlen bilden sich auf den rotierenden Stirnflächen Öl-Filme aus. Unter der Annahme einer komplett benetzten Scheibe mit geringem Impuls der Zuströmung kann die Filmdicke in Abhängigkeit des Volumenstroms, der kinematischen Viskosität und der Winkelgeschwindigkeit auf rotierenden Scheiben bestimmt werden [36]:

$$\delta_{\ddot{O}l} = \left(\frac{3\dot{V}\nu}{2\pi\omega^2 r^2} \right)^{1/3} \qquad \text{Gl. 3.6}$$

mit

$\delta_{\ddot{O}l}$	Filmdicke	/ m
$\dot{V}$	Volumenstrom	/ m^3 s^{-1}
ν	kinematische Viskosität	/ m^2 s^{-1}
ω	Winkelgeschwindigkeit	/ rad s^{-1}
r	radiale Position	/ m

In Abbildung 3.5 sind die Filmdicken mehrerer Betriebszustände dargestellt.

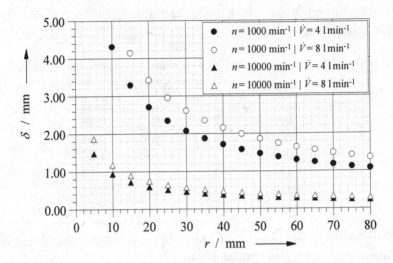

Abbildung 3.5: Filmdicke von Öl auf der rotierenden Scheibe bei 80 °C

Mit steigender Drehzahl, zunehmendem Radius und abnehmendem Volumenstrom nimmt die Filmdicke ab. Das betrachtete Kühlkonzept nutzt die rotierenden Scheiben nicht gezielt zum Transport des Öls, weshalb im Elektromotor
kein konstanter Zustrom in der Größenordnung des insgesamt zugeführten Öl-
Volumenstroms zu erwarten ist. Somit liegen die zu erwartenden Filmdicken
unterhalb der abgeschätzten Werte. Für eine effiziente Nutzung des Öls und
zur Vermeidung von Schleppverlusten sollte ein Zirkulieren des Öls im stirnseitigen Innenraum vermieden werden, da dies zur übermäßigen Erwärmung
und somit zur Herabsetzung der Kühlleistung führt.

3.3 Abgeleiteter Handlungsbedarf

Bei der Mehrphasensimulation zur Berechnung der Kühlwirkung nasslaufender Elektromotoren ist ein großes Spektrum an Zeit- und Längenskalen abzudecken. Bei der Wahl des Berechnungsansatzes müssen die großen und kleinen
Zeitskalen über geeignete Submodelle berücksichtigt werden. Zusätzlich soll-

ten die gewählten Modellierungsansätze eine implizite Lösung zulassen, um möglichst große Zeitschritte verwenden zu können.

Ebenfalls muss den kleinen Längenskalen der Struktur über eine geeignete Wahl der Modellierung Rechnung getragen werden. Die effiziente räumliche Diskretisierung der Fluidstrukturen der Tröpfchen und des Fluidfilms ist kompliziert, da diese nicht ortsfest und stets auf Teilbereiche des Strömungsgebiets beschränkt sind.

Aufgrund der unterschiedlichen Herausforderungen werden einzelne Submodelle für die Bereiche mit abweichenden Anforderungen entwickelt. Im Anschluss findet mittels einer geeigneten Kopplungsstrategie die Integration der Teilsysteme zum digitalen Abbild des gesamten Elektromotors statt. Dieses Gesamtmodell muss zum einen den Einfluss der relevanten Phänomene berücksichtigen und zum anderen bei endlichen Rechenzeiten valide Temperaturverteilungen liefern.

4 Schlüsselfaktoren der Kühlungssimulation – Wärmequellen, -senken & -transport

Permanenterregte Synchronmaschinen sind komplexe elektrothermomechanische Gebilde. Um Temperaturen in der verwendeten PSM numerisch vorausberechnen zu können, werden zunächst auf Basis eines dreidimensionalen thermischen Modells mit analytischen Wärmesenken ausgewählte Einflussparameter untersucht. Das übergeordnete Ziel besteht in der Identifikation der Schlüsselfaktoren, um im Folgenden das Gesamtmodell des Elektromotors an den relevanten Stellen zu verbessern und etwaige unkritische Bereiche für einen reduzierten Rechenaufwand zu vereinfachen.

Ausgangspunkt für jedes thermische Modell ist die Fouriersche Differentialgleichung der Wärmeleitung [39]:

$$\underbrace{c\rho \frac{\partial T}{\partial t}}_{=0} = \nabla \cdot (\lambda \nabla T) + W \qquad \text{Gl. 4.1}$$

mit

c	Wärmekapazität	/ $\mathrm{J\,(kg\,K)^{-1}}$
ρ	Dichte	/ $\mathrm{kg\,m^{-3}}$
T	Temperatur	/ K
λ	Wärmeleitfähigkeit	/ $\mathrm{W\,(m\,K)^{-1}}$
W	volumetrische Wärmequelle/-senke	/ $\mathrm{W\,m^{-3}}$

Der instationäre Term auf der linken Seite verschwindet, da das Modell ausschließlich zur Vorausberechnung von Dauerbetriebspunkten verwendet wird. Somit haben die Dichte und die spezifische Wärmekapazität keinen Einfluss auf die Temperatur. Einzig die volumetrischen Wärmequellen/-senken und die Wärmeleitfähigkeiten müssen für die untersuchten Betriebpunkte betrachtet werden. Nach Abschnitt 2.4 besteht die verwendete PSM aus diversen funktionalen Komponenten. In Tabelle 4.1 sind die Eigenschaften im Hinblick auf die Modellierung der Wärmequellen, -senken und -leitung zusammengefasst. Bei

© Der/die Autor(en), exklusiv lizenziert durch
Springer Fachmedien Wiesbaden GmbH, ein Teil von Springer Nature 2020
C. Beck, *Numerische Analyse der Zweiphasenströmung und Kühlwirkung in nasslaufenden Elektromotoren*, Wissenschaftliche Reihe Fahrzeugtechnik Universität Stuttgart, https://doi.org/10.1007/978-3-658-32607-4_4

den Wärmequellen wird unterschieden, ob den freigesetzten Verlusten elektromagnetische oder mechanische Effekte zugrunde liegen. Einige Komponenten weisen eine anisotrope und temperaturabhängige Wärmeleitung auf. Die Anisotropie entsteht durch die in Abschnitt 3.2.2 erwähnten Beschichtungen zum Zweck der elektrischen Isolation. Zur Integration des Kühlkonzepts in Form der Wärmesenken an den gekühlten Flächen ist die Definition der Wärmeübergangskoeffizienten und der zugehörigen Referenztemperaturen im thermischen Modell notwendig.

Tabelle 4.1: Eigenschaften des PSM-Modells

	Wärmequellen	Wärmeleitung	Wärmesenke
Rotorwelle	–	isotrop	–
Rotorblechpaket	EV	anisotrop / $f(T)$	✓
Wuchtscheiben	–	isotrop	✓
Magnete	EV	isotrop	–
Statorblechpaket	EV	anisotrop / $f(T)$	✓
Statorwicklung	EV	anisotrop	✓
Lager	MV	isotrop	–

MV: mechanische Verluste | EV: elektromagnetische Verluste

4.1 Wärmequellen

In elektrischen Maschinen existieren mehrere Verlustmechanismen. Die entstehenden Wärmeverluste müssen durch die Wahl eines geeigneten Kühlsystems abgeführt werden, um eine übermäßige Erwärmung der Struktur zu verhindern. Wie in Tabelle 4.1 gezeigt, werden die mechanischen Verluste durch die Reibung des Kühlmediums (u. a. im Luftspalt) zunächst nicht separat berücksichtigt. Die absoluten Ummagnetisierungs- und Stromwärmeverluste sind das Ergebnis der elektromagnetischen Berechnung und werden zunächst als temperaturunabhängig angenommen.

4.1.1 Elektromagnetische Verlustmechanismen

Ummagnetisierungsverluste: Nach [12] berechnen sich die spezifischen Um-magnetisierungsverluste, die sich in Wirbelstromverluste, Hystereseverluste sowie Zusatzverluste aufteilen, bei sinusförmiger Anregung wie folgt:

$$p_{vWi} = \frac{\pi^2 \, \sigma \, l_d^2}{6\rho} B_{max}^2 \, f^2 \qquad\qquad \text{Gl. 4.2}$$

$$p_{vHys} = k \frac{4 H_c}{\rho} B_{max} \, f \qquad\qquad \text{Gl. 4.3}$$

$$p_{vZu} = \frac{F}{\rho} B_{max}^{3/2} \, f^{3/2} \qquad\qquad \text{Gl. 4.4}$$

mit

p_{vWi}	spezifische Wirbelstromverluste	/ $W\,kg^{-1}$
σ	elektrische Leitfähigkeit	/ $S\,m^{-1}$
l_d	Blechdicke	/ m
B_{max}	Induktionsamplitude	/ T
f	Frequenz	/ s^{-1}
p_{vHys}	spezifische Hystereseverluste	/ $W\,kg^{-1}$
k	Formfaktor	/ -
H_c	Koerzitivfeldstärke	/ $A\,m^{-1}$
p_{vZu}	spezifische Zusatzverluste	/ $W\,kg^{-1}$
F	materialspezifischer Wert	/ $J\,s^{1/2}\,T^{-3/2}\,m^{-3}$

Die spezifischen Ummagnetisierungsverluste in den Elektroblechen des Rotors und Stators sind abhängig von Größen der elektromagnetischen Auslegung, geometrischen Größen sowie materialspezifischen Kenngrößen.

Wirbelstromverluste in den Magneten: Auf die Magnete wirkt während der Drehung des Rotors eine durch die Statornutung hervorgerufene periodische Änderung der Reluktanz. Die entstehenden Wirbelströme steigen mit der Drehzahl und der Last an. [33]

Stromwärmeverluste: Ein weiterer Verlustmechanismus sind die ohmschen Verluste in der verteilten Kupfereinzugswicklung. Diese Stromwärmeverluste sind schaltungsunabhängig eine Funktion des elektrischen, temperaturabhängigen Widerstands und der effektiven Stromstärke [56]:

$$P_{Cu} \sim R_{Cu} I^2$$ Gl. 4.5

mit

P_{Cu}	ohmsche Verluste	/ W
R_{Cu}	elektrischer Widerstand	/ Ω
I	elektrische Stromstärke	/ A

Die Stromverdrängung verursacht je nach Wicklung zusätzliche Verluste, die alternativ zu detaillierten Berechnungen über einen Vorfaktor berücksichtigt werden [56]. Für die untersuchten Dauerbetriebspunkte wird in den Drähten ein identischer Strom angenommen. Somit bleibt der Einfluss des temperaturabhängigen Widerstands R_{Cu} auf die lokale Verteilung der Verluste.

Nach [56] verhält sich der temperaturabhängige Widerstand wie folgt:

$$R_{Cu} = R_{Cu,0} \left[1 + \alpha_R \left(T - T_0\right)\right]$$ Gl. 4.6

mit

α_R	Temperaturbeiwert	/ K^{-1}
T_0	Referenztemperatur	/ K
$R_{Cu,0}$	elektrischer Widerstand bei T_0	/ Ω

Der Temperaturbeiwert wird für Kupfer mit $\approx 0.392\,\%\,K^{-1}$ angegeben. Für die Verteilung der Verluste im thermischen Modell werden die absoluten Stromwärmeverluste in der Einzugswicklung konstant gehalten und eine Verteilung anhand Gl. 4.6 vorgenommen. Aufgrund der Linearität der Temperaturabhängigkeit sind der spezifische Widerstand und die Referenztemperatur zur Skalierung der lokalen Stromwärmeverluste irrelevant.

4.1.2 Mechanische Verlustmechanismen

Neben den elektromagnetischen existieren auch mechanische Verlustmechanismen, die ebenfalls Wärmequellen darstellen. Die verwendete PSM hat Reibungsverluste in den Lagern, an den Radialwellendichtringen und durch die Fluidreibung zwischen Stator und Rotor der E-Maschine. Der Einfluss der Reibwärme des Radialwellendichtrings wird aufgrund der Einbaulage und des relativ geringen Wertes vernachlässigt.

Das Reibmoment der Lager besteht aus einem lastabhängigen und einem drehzahlabhängigen Anteil. Nachfolgend wird kurz auf die Berechnung der beiden Größen eingegangen, die stark von der Lagerart und den Einbaubedingungen abhängen. Das lastabhängige Reibmoment ist eine Funktion des Lagerbeiwerts, der radial wirkenden Kraft und des mittleren Lagerdurchmessers. Für die im Folgenden untersuchten Betriebspunkte berechnet sich der drehzahlabhängige Anteil mit einem Lagerbeiwert, der kinematischen Viskosität, der Drehzahl und dem mittleren Lagerdurchmesser. [79] Aufgrund der Abhängigkeit der Lagerverluste von der temperaturabhängigen kinematischen Viskosität (siehe Anhang A1.1) ist der Berechnungsansatz im thermischen Modell hinterlegt.

Neben den Verlusten in den Lagern und den Radialwellendichtringen entstehen direkt in der E-Maschine zwischen Stator und Rotor Fluidreibungsverluste, welche vom verwendeten Kühlmedium abhängen. Deren detaillierte Berücksichtigung findet erst nach der Einführung der dreidimensionalen Modellierung des Fluids statt. Damit die aufgeprägten Gesamtverluste mit den am Prüfstand gemessenen Verlusten übereinstimmen, werden die Reibungsverluste zusätzlich in Rotor- sowie Statorblechpaket eingeprägt. Dies basiert auf der Annahme einer Wärmeabfuhr über die Struktur in unmittelbarer Nähe zum Entstehungsgebiet der Reibungsverluste. Mit diesem vereinfachten Modell werden ausschließlich relative Vergleiche bei konstanten Absolutverlusten in den einzelnen Komponenten durchgeführt.

4.2 Thermische Widerstände

4.2.1 Wärmeleitwiderstand

Elektromotoren bestehen aus diversen Bauteilen (siehe Tabelle 4.1), die funktionsbedingt unterschiedlichste Materialeigenschaften aufweisen. Nachfolgend wird auf die im Elektromotor auftretende Anisotropie und die Temperaturabhängigkeit der Wärmeleitung eingegangen.

Anisotrope Wärmeleitung

In der verwendeten PSM weist neben den Elektroblechpaketen von Rotor und Stator die Kupferwicklung anisotrope Wärmeleitungseigenschaften auf. Abbildung 4.1 zeigt exemplarisch am Beispiel der Kupfereinzugswicklung einige Detaillierungsstufen zur Modellierung von Verbundmaterialien.

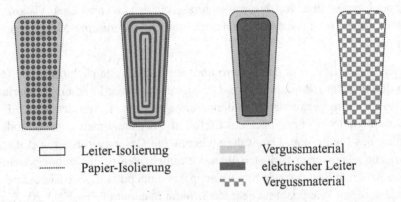

    ☐ Leiter-Isolierung   Vergussmaterial
    ⋯ Papier-Isolierung   elektrischer Leiter
                           Vergussmaterial

Abbildung 4.1: Detaillierungsstufen der Wickelkopfmodellierung nach [3] v. l. n. r.: Physikalisches, geschichtetes, flächenäquivalentes und homogenisiertes Modell

Während eine exakte, physikalische Modellierung eine feine örtliche Auflösung und damit einen hohen Rechenaufwand erfordert, lässt sich mit geeigneten Modellierungsansätzen der Aufwand deutlich reduzieren. Nachfolgend wird der Ansatz der Homogenisierung verwendet, d. h. basierend auf den Komponenteneigenschaften werden äquivalente Stoffeigenschaften ermittelt und in Abhängigkeit lokaler Koordinatensysteme berücksichtigt.

Einzugswicklung: Die Notwendigkeit der Modellierung einer detaillierten, anisotropen Wärmeleitung im Wickelkopf wird in [45] untersucht. Die Anisotropie entsteht durch die gegeneinander isolierten Einzeldrähte, die zusätzlich mit Epoxid-Harz vergossen werden. Dadurch entsteht eine sehr gute Wärmeleitung in Richtung des Drahtes und eine um circa zwei Größenordnungen geringere orthogonal dazu. Mit einem eigens entwickelten Ansatz wird die Drahtrichtung in jedem Punkt der Wicklung über die Orientierung der Geschwindigkeitsvektoren einer schleichenden Strömung in einem detailliert konstruierten Strang der Wicklung approximiert (siehe Abbildung 4.2) [6].

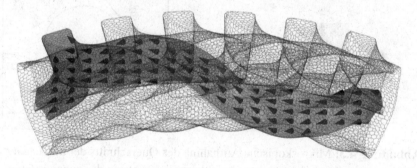

Abbildung 4.2: Drahtrichtung innerhalb eines Wicklungsstrangs nach [6]

Der Kupferfüllfaktor ϕ_{Cu} im Bereich der Statornut ist durch die Anzahl der Drähte sowie die Draht- und Nutquerschnittsfläche gegeben. Unsicherheiten bestehen jedoch beim Grad der Durchdringung der Kupfermatrix mit Epoxid-Harz und in der genauen Anordnung der Drähte zueinander. Der Einfluss der Drahtanordnung (quadratisch, hexagonal oder chaotisch) kann als untergeordnet angenommen werden [3, 84]. Die Wärmeleitkoeffizienten in radialer λ_r und axialer λ_{ax} Drahtrichtung basieren auf den Ansätzen [77] und [68].

Die räumliche Erfassung lokaler Lufteinschlüsse ist mit einem homogenisier-
ten Wicklungsmodell nicht möglich, jedoch kann der Luftanteil über die Verwendung der Stoffeigenschaften eines Luft-Epoxid-Harz-Modells abgeschätzt
werden (siehe Abb. 4.3). Eigene Untersuchungen des Kupfervolumenanteils
sowie Aufnahmen unter dem Mikroskop an verschiedenen Positionen der Wicklung zeigen, dass die maximalen Porenanteile mittig in der Statornut bei ca.
15 % und an den Seiten bei ca. 5 % liegen. Die Berechnung des Volumenanteils
basiert auf dem Auslitern und dem thermischen Veraschen etwa 10 mm langer
Proben. Zur Bestimmung der äquivalenten Wärmeleitung des Wicklungsquer-
schnitts mit vorhandener Pore aus Abbildung 4.3 wird die Annahme getroffen,
dass diese im verwendeten Ersatzmodell einen runden Querschnitt hat und zen-
tral zwischen vier Drähten liegt.

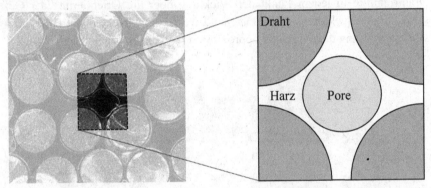

Abbildung 4.3: Mikroskopische Aufnahme des Querschnitts der untersuchten Kupfereinzugswicklung (links) sowie das zugehörige
Ersatzmodell (rechts)

Die radialen bzw. axialen Wärmeleitkoeffizienten mit und ohne Luftanteil sind
in Abbildung 4.4 über dem Kupfervolumenanteil aufgetragen. Im Gegensatz
zur radialen wird die axiale Komponente durch die Wärmeleitung des Kupfers
dominiert. Somit ist der Einfluss der Poren quer zu den Drähten deutlich größer.

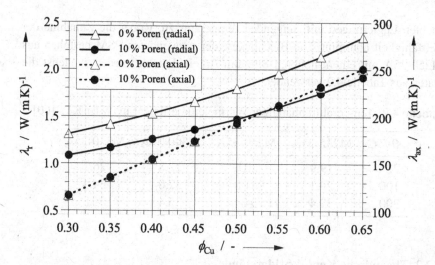

Abbildung 4.4: Radiale und axiale Wärmeleitung der Kupfereinzugswicklung in Abhängigkeit vom Kupfervolumenanteil

Blechpakete: Die einzelnen Elektrobleche des Stators sowie Rotors sind gegeneinander elektrisch isoliert, um die Wirbelstromverluste nach Gl. 4.2 zu reduzieren. Das Wiedemann-Franzsche Gesetz besagt, dass somit auch die thermische Leitfähigkeit zwischen den Elektroblechen abnimmt [55]. Bezogen auf die Drehachse des Elektromotors ist die radiale Komponente des Wärmeleitungstensors deutlich größer als der axiale Anteil. Bei dem verwendeten Material ist die radiale Komponente etwa um Faktor 5 größer.

Magnete: Je nach chemischer Zusammensetzung und Herstellungsverfahren können NdFeB-Magnete eine anisotrope Wärmeleitung aufweisen [90]. Jedoch sind die im thermischen Modell verwendeten Magnete laut Herstellerangaben isotrop.

Temperaturabhängige Wärmeleitung

In [60] wurde die Wärmeleitfähigkeit einiger gängiger Elektrobleche bei verschiedenen Temperaturen untersucht. Die Leitfähigkeit nimmt für alle untersuchten Legierungen mit steigender Temperatur zu, wobei die Zunahme der Leitfähigkeit abnimmt. Die Blechpakete der verwendeten PSM bestehen aus M250-35A mit einem höheren Silizium-Anteil. Jedoch werden zunächst die Daten aus Tabelle 4.2 verwendet.

Tabelle 4.2: Temperaturabhängiger Wärmeleitkoeffizient in $\mathrm{W\,(m\,K)^{-1}}$ [60]

$\theta\,/\,°\mathrm{C}$	M235-35A	M250-35A	M300-35A	M330-35A
22	19.9	20.6	22.8	26.2
100	29.1	31.0	32.0	34.4
200	32.4	34.4	35.4	36.8

4.2.2 Thermische Kontaktwiderstände

Aufgrund nicht ideal glatter Kontaktflächen zwischen zwei Komponenten entstehen Bereiche mit unmittelbarem Kontakt und andere mit kleinen Hohlräumen [42]. Nach [19] kann der Kontaktwiderstand anhand von Material- und Oberflächeneigenschaften sowie der Kontaktkraft bestimmt werden. Mit steigender Kraft nimmt der Widerstand ab, weshalb die Dimensionierung der Passung und der Einfluss durch unterschiedliche Wärmeausdehnungen der Bauteile bei der Auslegung neuer Kühlkonzepte berücksichtigt werden sollte.

Im vorliegenden Fall wird aufgrund der Presspassungen zwischen Statorblechpaket und Gehäuse sowie Rotorblechpaket und Welle auf die detaillierte Modellierung des Kontaktwiderstands verzichtet. Diese Kontaktflächen müssen das Drehmoment der Maschine übertragen, weshalb dauerhaft eine hohe Kontaktkraft und somit ein geringer thermischer Widerstand zwischen den Komponenten die Voraussetzung für den Betrieb der Maschine ist.

Ein größerer Einfluss ist im Bereich der vergrabenen Magnete durch die Zentrifugalkraft zu erwarten. Mit steigender Drehzahl verformt sich das Rotorblechpaket und die Magnete verschieben sich radial nach außen. Infolge bildet sich auf der Innenseite ein kleiner Spalt zwischen Magnet und Blechpaket. Diese Verschiebung ist für verschiedenen Drehzahlen basierend auf Strukturberechnungen in 30-facher Vergrößerung in Abbildung 4.5 dargestellt.

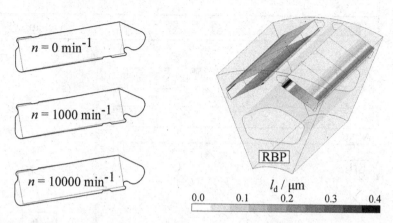

Abbildung 4.5: Wandabstand aus der Strukturberechnung (links) und in thermischer Berechnung (rechts) nach [6]

Mit Hilfe des Wärmeleitkoeffizienten von Luft bei 80 °C und 0.1 MPa kann ein lokaler Kontaktwiderstand zwischen Magnet und Blechpaket definiert werden, um bei gleicher Geometrie den Einfluss des Abhebens der Magnete zu berücksichtigen.

Bei einer engeren Kopplung mit der Festigkeitsberechnung ist mit dem gleichen Ansatz die Bewertung der Einflüsse der Kontaktkräfte aufgrund unterschiedlicher Wärmeausdehnungen möglich.

4.2.3 Wärmesenken

Abschließend wird die Modellierung der Wärmesenken an den gekühlten Flächen betrachtet, um die Berechnung der Temperaturverteilungen in der PSM basierend auf Gl. 4.1 zu ermöglichen. Abbildung 4.6 zeigt einen schematischen Schnitt durch die modellierte PSM. In der Schnittdarstellung sind alle Oberflächen nummeriert, an welchen ein konvektiver Wärmeübergang ins Kühlmedium stattfindet.

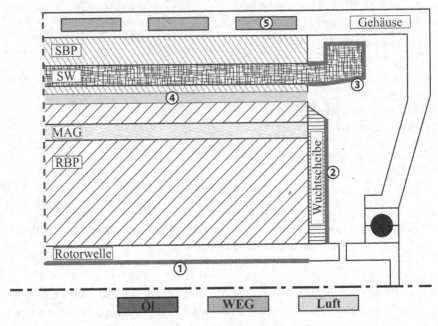

Abbildung 4.6: Definition der Kühlflächen nach [6]

Für die Untersuchungen der Sensitivitäten werden analytische Randbedingungen bzw. Daten aus vereinfachten Strömungssimulationen zur Modellierung
der Wärmesenken verwendet. Der Vorteil liegt in der geringen Rechenzeit bei
gleichzeitig adäquater Berücksichtigung der physikalischen Effekte. Die Wärmeübergangskoeffizienten auf diesen Flächen sind wie folgt definiert:

① Rotorwelle: In axial rotierenden, durchströmten Rohren ist die Nußelt-Zahl
im Bereich des thermischen Einlaufs für voll und nicht voll ausgebildete Rohrströmungen überhöht [91, 92]. In den betrachteten Betriebspunkten für die thermischen Untersuchungen liegen stets laminare Rohrströmungen vor. Die Öl-
Zuführungen der PSM im Fahrzeug und auf dem Prüfstand sind unterschiedlich. Somit variieren die Anlauflängen der Strömung bis zum Eintritt in die
PSM. Aus diesem Grund wird zunächst der konservative analytische Ansatz
der voll ausgebildeten Rohrströmung verwendet.

In Abbildung 4.7 ist beispielhaft das Verhältnis der lokalen Nußelt-Zahl Nu unter Annahme eines konstanten Wandwärmestroms im Vergleich zur Nußelt-Zahl einer laminaren, thermisch und hydraulisch ausgebildeten Rohrströmung $Nu_\infty \doteq 4.36$ nach [89] dargestellt. Die dimensionslose Kennzahl x/D beschreibt das Verhältnis von Anlauflänge x zum Rohrdurchmesser D.

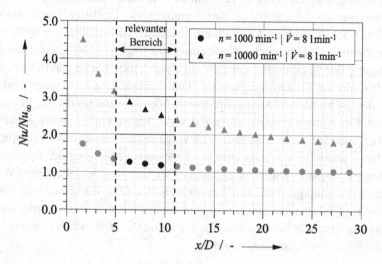

Abbildung 4.7: Nußelt-Zahl in rotierenden, durchströmten Rohren nach [91]

② Wuchtscheibe: Das Öl gelangt durch zwei Stufendüsen in den Innenraum des Elektromotors. Die Filmdicke des Öls berechnet sich nach Gl. 3.6 und der Annahme eines vollständigen sowie gleichmäßigen Abflusses über die Wuchtscheibe in Abhängigkeit vom Volumenstrom, der kinematischen Viskosität und der Winkelgeschwindigkeit. Aus der Verteilung der Filmdicke nach Gl. 3.6 und des Wärmeleitkoeffizienten folgt der Wärmeübergangskoeffizient [2]:

$$\alpha = \frac{5\lambda}{3\,\delta_{\text{Öl}}}$$

Gl. 4.7

mit

α	Wärmeübergangskoeffizient	/ $W\,m^{-2}\,K^{-1}$
$\delta_{\text{Öl}}$	Filmdicke	/ m

Somit kann der konvektive Wärmeübergang über die Wuchtscheibe mittels analytischer Randbedingung beschrieben werden.

③ Wickelkopf: Im Anschluss an die Wuchtscheibe trifft das Öl auf den Wickelkopf. Um ohne experimentelle bzw. analytische Daten für den Wandwärmeübergang von rotierenden Prallstrahlen eine erste Abschätzung treffen zu können, werden die Ergebnisse einer vereinfachten Prallstrahlsimulation verwendet. Nach Abbildung 4.8 prallt ein stehender Öl-Strahl ($\theta_{\text{Öl}} = 80\,^\circ\text{C}$) auf einen Zylinder mit konstanter Wandtemperatur ($\theta_{\text{Wand}} = 140\,^\circ\text{C}$). Zur Berücksichtigung der Rotation bewegt sich die Zylinderoberfläche parallel zur Mittelachse mit der Geschwindigkeit v_{ax}. Diese äquivalente Bewegung wird anhand der Drehzahl, der Düsengeometrie und des Innenradius der Wicklung bestimmt. Der Abfluss des Öls erfolgt durch die Schwerkraft. Um die Wandwärmeübergänge auf die in Abschnitt 4.2.1 vorgestellte komplexe Wickelkopfgeometrie zu überführen, erfolgt eine abschnittsweise Mittelung der simulierten Größen entlang der Achse des Zylinders. Der Übertrag der tabellierten Werte erfolgt in Abhängigkeit des Umfangswinkels β auf die Wickelkopfoberfläche. Analog zum Wärmeübergangskoeffizient (siehe Abb. 4.9) wird die zugehörige Referenztemperatur zur Bestimmung des konvektiven Wandwärmeübergangs auf die Wickelkopfoberfläche übertragen.

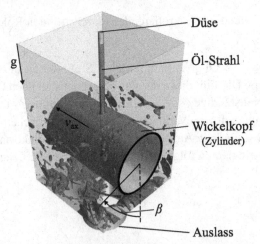

Abbildung 4.8: Vereinfachtes Modell zur Bestimmung des Wärmeübergangs am Wickelkopf

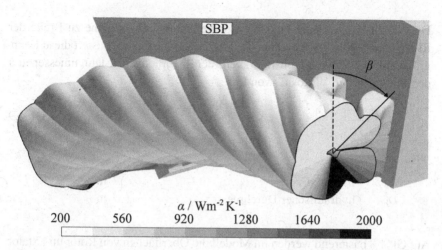

Abbildung 4.9: Winkelabhängiger Wärmeübergangskoeffizient an der Wickelkopfoberfläche

④ Luftspalt: Experimentelle Untersuchungen zum Wärmeübergang in ringförmigen Spalten mit gerilltem, stehendem äußeren Zylinder und einem glatten, rotierenden inneren Zylinder ergeben in Abhängigkeit der axialen Strömung unterschiedliche Nußelt-Korrelationen [65, 66]. Die verwendete PSM verzichtet auf die Schränkung von Rotor sowie Stator und auf Ventilatoren im Innenraum, weshalb keine axiale Durchströmung im Luftspalt angenommen wird. Nach [65] existiert unter Vernachlässigung der axialen Durchströmung folgende Korrelation für die Nußelt-Zahl:

$$Nu = 10.41 + 8.207 \cdot 10^{-7}\, Ta + 1.816 \frac{l_\mathrm{h}}{l_\mathrm{b}} - 0.391 \left(\frac{l_\mathrm{h}}{l_\mathrm{b}} \right)^2$$
$$+ 5.87 \cdot 10^{-8}\, Ta \frac{l_\mathrm{h}}{l_\mathrm{b}}$$

Gl. 4.8

mit

Nu	Nußelt-Zahl	/ -
Ta	Taylor-Zahl	/ -
l_h	Höhe der Rillen	/ m
l_b	Breite der Rillen	/ m

Die Nußelt-Zahl ist eine Funktion des Verhältnisses von Höhe zu Breite der Rillen (siehe Abb. 4.10) und der Taylor-Zahl. Nach Gl. 4.9 basiert diese Kenngröße auf der Winkelgeschwindigkeit, dem hydraulischen Durchmesser und der kinematischen Viskosität von Luft:

$$Ta = \frac{\omega\, r_i^2}{v_{\text{Luft}}^2} \left[\frac{D_h}{2}\right]^3 \qquad\qquad \text{Gl. 4.9}$$

mit

r_i	Innenradius	/ m
D_h	hydraulischer Durchmesser	/ m

Auf Gl. 4.8 basierend werden im Modell die Oberflächen von Rotor und Stator gekoppelt, um den Wärmetransport über den Luftspalt zu modellieren.

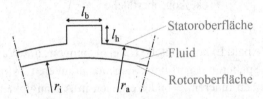

Abbildung 4.10: Variablen des Luftspalts im Querschnitt

⑤ Wassermantel: Der Wassermantel wird über die Nußelt-Korrelation für turbulente Rohrströmungen nach [89] berücksichtigt. Die für den Wärmeübergang notwendige Referenztemperatur wird bei diesem Ansatz abschnittsweise über die in das Fluid eingetragene Wärmemenge bis zur jeweiligen Lauflänge bestimmt.

4.3 Bewertung der Schlüsselfaktoren

In diesem Abschnitt wird der Einfluss der beschriebenen Eigenschaften der Wärmequellen sowie -senken und des Wärmetransports auf die Temperaturvorhersagbarkeit bewertet. Eine weitere Detaillierung der Simulation durch geeignete Strömungsberechnungen erfolgt nur in Bereichen, die durch vereinfachte Betrachtungsweisen nicht ausreichend berücksichtigt werden.

4.3.1 Simulationsmodell

Die Verwendung eines 45° Sektors mit halber Aktivlänge zur Reduktion der Rechenzeit bietet sich bei einer 8-poligen PSM aufgrund der näherungsweise symmetrischen Bauform an. Zur Erfüllung der periodischen Randbedingungen werden das Gehäuse und der Wassermantel angepasst. In Abbildung 4.11 ist die Geometrie des Sektors dargestellt, wobei die Magnete im Rotorblechpaket vergraben sind.

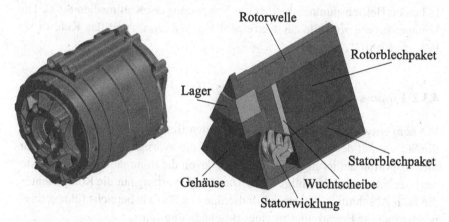

Abbildung 4.11: Sektormodell der PSM

Die Eigenschaften von Stator- und Rotorblechpaket, Statorwicklung sowie den elektromagnetisch inaktiven Bauteilen sind in Tabelle 4.1 aufgelistet. Aufgrund des reduzierten Modellierungsumfangs und der Verwendung von analytischen Randbedingungen beträgt die Rechenzeit auf 20 Cores weniger als zehn Minuten. Zum Vergleich werden die Betriebspunkte (BP) aus Tabelle 4.3 verwendet. In BP 1 bilden die Stromwärmeverluste aufgrund der niedrigen Drehzahl n bei hohem Drehmoment den größten Verlustanteil. In BP 2 dominieren bei hoher Drehzahl und geringem Drehmoment die Ummagnetisierungsverluste im

Blech (siehe Abb. 2.1). Damit ergeben sich zwei stark unterschiedliche repräsentative Verlustverteilungen. Die Aufteilung der Verluste P beruht auf mit Prüfstandsdaten abgeglichenen Verlustverteilungen der beiden Betriebspunkte und bezieht sich auf die gesamte PSM (siehe Tab. 4.3).

Tabelle 4.3: Betriebspunkte zur Ermittlung der Schlüsselfaktoren

BP	n/min^{-1}	P_{SW}/W	P_{SBP}/W	P_{RBP}/W	P_{MAG}/W
1	1000	1500	190	310	1
2	10000	2100	3170	1100	50

In beiden Betriebspunkten beträgt die Temperatur der Kühlmedien 80 °C. Die Volumenströme sind für das Getriebeöl $\dot{V}_{Öl} = 8\,l\text{min}^{-1}$ und das Kühlwasser $\dot{V}_{WEG} = 6\,l\text{min}^{-1}$.

4.3.2 Einfluss der Solid-Modellierung

Mit dem entwickelten Modell und den beiden Betriebspunkten wird zunächst die Sensitivität der Bauteiltemperaturen auf die Wärmequellen- und die Wärmetransportmodellierung untersucht und davon die dominanten Einflussfaktoren abgeleitet. Berücksichtigt werden bei der Bewertung nur die Komponenten, die nach Abschnitt 2.2 zu einer Limitierung des Betriebsbereichs führen, da eine übermäßige Erwärmung zu einer Beschädigung führt.

Betrachtete Einflussfaktoren

$p_{vFe} = f(\boldsymbol{x})$: Die Ummagnetisierungsverluste (siehe Abschn. 4.1) sind inhomogen im Blechquerschnitt verteilt. Die größte Verlustdichte ist sowohl im Stator- als auch im Rotorblechpaket in der Nähe des Luftspalts und korreliert mit der Induktionsamplitude. In Abbildung 4.12 ist die mit der maximalen Verlustdichte normierte Verlustverteilung der beiden Betriebspunkte im Sektormodell dargestellt.

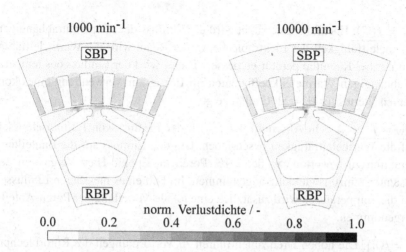

Abbildung 4.12: Verlustverteilung im Sektormodell nach [6]: BP 1 (links); BP 2 (rechts)

Im Modell werden die Verlustdichten auf das entsprechende Gesamtniveau skaliert, um die Absolutverluste in den Bauteilen zu erhalten. Dieses Vorgehen ist gitterunabhängig bzgl. der Gesamtverluste und somit vorteilhaft beim Übertrag der Daten zwischen verschiedenen Modellen.

$p_{vFe} = f(T)$: Wie in [6] für das Material M250-35A gezeigt, besteht eine Temperaturabhängigkeit der Ummagnetisierungsverluste. Anhand eines temperaturabhängigen Eisenverlustkoeffizienten werden bei konstanten Absolutverlusten die Verlustdichten in kälteren Regionen der Blechpakete erhöht und in warmem Bereichen abgesenkt. Da aktuell keine Messdaten bzgl. des Einflusses der Flussdichte, der Frequenz und der Temperatur auf die Ummagnetisierungsverluste von M250-35A mit erhöhtem Silizium-Anteil vorliegen, wird ein ähnliches Verhalten angenommen.

$p_{vCu} = f(T)$: Nach Abschnitt 4.1.1 kann für die Wicklung angenommen werden, dass die Verteilung der Verluste eine Funktion des Widerstands und somit der Temperatur ist. Zur Bestimmung des Einflusses auf die Temperaturverteilung der PSM werden ebenfalls bei gleichbleibenden Absolutverlusten die Verluste in Abhängigkeit der Temperaturen skaliert. Dadurch verschieben sich die Verluste in die wärmeren Regionen, d. h. diese wirken selbstverstärkend.

$\lambda_{Fe} = f(T)$: Ebenfalls untersucht wird der Einfluss der temperaturabhängigen Wärmeleitfähigkeit der Elektrobleche. In der Regel wird die Wärmeleitfähigkeit nur bei Raumtemperatur gemessen. Daher wird der Einfluss des temperaturabhängigen Wärmeleitkoeffizienten im Bezug zur Verwendung eines konstanten Wertes für $\theta = 22\,°C$ aufgezeigt.

$\lambda_{SW} = f(\phi_{Poren})$: In Abschnitt 4.2.1 wird der Einfluss von Lufteinschlüssen auf die Wärmeleitfähigkeit beschrieben. Um den Einfluss auf die Bauteiltemperaturen zu bewerten, werden $10\,\%$ Poren im Epoxid-Harz-Verguss in der gesamten Einzugswicklung angenommen. Im Fall eines messbaren Einflusses auf die Temperaturen wird zusätzlich eine lokale Verteilung der Poren-Anteile vorgenommen.

$l_d = f(n)$: Die hohen Drehzahlen führen zu Verformungen des Rotorblechpakets und der Magnete. Dies hat ein Abheben der Magnete im Rotorblechpaket zur Folge (siehe Abschn. 4.2.2). Im Rahmen dieser Studie wird bewertet, ob die Veränderung des Spalts zwischen den Magneten und des Blechpakets bei der verwendeten PSM die Bauteiltemperaturen beeinflusst. In der verwendeten PSM sind die Magnete nicht zusätzlich verklebt, weshalb die Annahme eines Luftspalts im Bereich zwischen den Magneten und dem Rotorblechpaket gerechtfertigt ist.

Referenzsimulationen

Die betrachteten Einflussfaktoren umfassen neben linearen Abhängigkeiten auch Nichtlinearitäten, weshalb die auftretenden Temperaturen im Bereich der zulässigen Grenzen liegen sollten. Bei den Referenzsimulationen der beiden Betriebspunkte werden alle physikalischen Effekte aus den Abschnitten 4.1 und 4.2 im thermischen Modell berücksichtigt. Die Berechnungen führen zu mit den Messungen am Prüfstand vergleichbaren Temperaturen. Das gewählte Setup ist somit zur Bewertung der Einflussparameter geeignet. Die Ergebnisse der Parametervariationen werden mit den beiden Referenzsimulationen abgeglichen, um den Einfluss der verschiedenen Faktoren auf die Bauteiltemperaturen zu bewerten.

Diskussion

Durch die Verwendung des dreidimensionalen Modells der PSM mit den beschriebenen Randbedingungen zur Abbildung des Kühlkonzepts ist es möglich den Einfluss lokaler Effekte auf die Temperaturverteilung zu ermitteln. In Tabelle 4.4 ist der Einfluss der verschiedenen Modellierungsparameter auf die maximale Temperatur in den temperaturkritischen Komponenten angegeben. In Abhängigkeit vom Betrag der Temperaturabweichung $|\Delta T|$ zu den Referenzwerten wird der Einfluss der Modellierung des entsprechenden Phänomens bewertet. Anhand der maximalen Grenzabweichung von $\pm 1.5\,\text{K}$ der am Prüfstand verwendeten Thermoelement vom Typ K [27] findet eine Unterteilung in die Bereiche $|\Delta T| < 0.5\,\text{K}$ ($\circ$ „*nicht messbar*"), $0.5\,\text{K} \leq |\Delta T| < 2\,\text{K}$ (+ „*geringfügig*") und $2\,\text{K} \leq |\Delta T|$ (++ „*signifikant*") statt. Alle Einflussfaktoren mit einer signifikanten Auswirkung auf die Bauteiltemperaturen stellen Schlüsselfaktoren für die Modellbildung dar. Die Sensitivitäten der beiden Betriebspunkte sind in der Reihenfolge BP 1 / BP 2 tabelliert.

Tabelle 4.4: Einfluss der Solid-Modellierung auf die Bauteiltemperaturen

Einflussfaktor	RBP	MAG	SBP	SW
$p_{\text{vFe}} = f(\boldsymbol{x})$	+ / ++	++ / ++	$\circ$ / ++	$\circ$ / ++
$p_{\text{vFe}} = f(T)$	$\circ$ / ++	$\circ$ / ++	$\circ$ / $\circ$	$\circ$ / $\circ$
$p_{\text{vCu}} = f(T)$	$\circ$ / $\circ$	$\circ$ / $\circ$	$\circ$ / $\circ$	$\circ$ / $\circ$
$\lambda_{\text{Fe}} = f(T)$	++ / ++	++ / ++	++ / ++	+ / +
$\lambda_{\text{SW}} = f(\phi_{\text{Poren}})$	$\circ$ / $\circ$	$\circ$ / $\circ$	$\circ$ / $\circ$	$\circ$ / $\circ$
$l_{\text{d}} = f(n)$	$\circ$ / $\circ$	$\circ$ / $\circ$	$\circ$ / $\circ$	$\circ$ / $\circ$

$\circ$:$|\Delta T| < 0.5\,\text{K}$, +: $0.5\,\text{K} \leq |\Delta T| < 2\,\text{K}$ und ++: $2\,\text{K} \leq |\Delta T|$

Die Ergebnisse der Sensitivitätsanalyse zeigen, dass bei konstanten Gesamtverlusten unter Berücksichtigung der Temperaturabhängigkeit der Wärmeleitkoeffizienten für die Blechpakete die größte Anzahl an Komponenten eine messbare Temperaturänderung erfährt. Der stärkste Einfluss ist mit einer Temperaturabweichung von $10.1\,\text{K}$ im Rotorblechpaket zu sehen. Jedoch kann gezeigt werden, dass bereits eine Vorgabe einer homogenen Wärmeleitfähigkeit basierend auf der mittleren Bauteiltemperatur in BP 1 / BP 2 die maximalen Temperaturabweichungen auf weniger als $0.5\,\text{K} / 2\,\text{K}$ reduziert [6]. Dies liegt an der deutlichen Zunahme des Wärmeleitkoeffizienten im gesamten Blechpaket, da bereits die Kühlmitteltemperaturen mit 80 °C deutlich über der Standardmesstemperatur liegen. Aus diesem Grund sollte die Wärmeleitfähigkeit der Blechpakete mittels einer Prüfvorrichtung nach [19] bei verschiedenen Temperaturen ermittelt werden.

Die größte Temperaturabweichung von 10.6 K verursacht die ortsabhängige Verlustverteilung im Blechpaket bei BP 2 in den Magneten, wobei selbst die maximale Temperatur der Statorwicklung beeinflusst wird.

Einen deutlich geringeren Einfluss mit maximal 3 K Temperaturabweichung hat die temperaturabhängige Ummagnetisierungsverlustverteilung.

Die weiteren untersuchten Parameter wie die temperaturabhängige Stromwärmeverlustverteilung, die Poren in der Statoreinzugswicklung und der drehzahlabhängige Magnetabstand haben nur einen geringen Einfluss auf die Bauteiltemperaturen. Deren Modellierung wird daher für zukünftige baugleiche Elektromotoren vernachlässigt. Jedoch ist zu beachten, dass diese Studien vom verwendeten Kühlkonzept abhängen. Andere Geometrien und Kühlkreisanordnungen führen zu anderen thermischen Pfaden, wodurch sich der Einfluss der Parameter ändert.

4.3.3 Einfluss der Wärmesenkenmodellierung

Nach der Bewertung der Modellierung der Wärmequellen und des Wärmetransports wird der Fokus auf die Wärmesenken gelegt. Basierend auf einer Variation der Wärmeübergangskoeffizienten an den kühlmediumführenden Flächen der PSM um ±50 % wird der Einfluss der verschiedenen Wärmesenken abgeschätzt (siehe Abschn. 4.2.3). Die Nomenklatur und das Vorgehen zur Bewertung entspricht dem Schema aus Abschnitt 4.3.2, jedoch wird in der Tabelle ein Mittelwert der Temperaturänderung aus Erhöhung und Reduktion des Wärmeübergangs zugrunde gelegt.

Tabelle 4.5: Einfluss der Wärmesenken auf die Bauteiltemperaturen

Wärmesenken	RBP	MAG	SBP	SW
① Rotorwelle	◦ / +	◦ / +	◦ / ◦	◦ / ◦
② Wuchtscheibe	+ / +	+ / +	◦ / ◦	◦ / ◦
③ Wickelkopf	◦ / +	◦ / +	+ / +	+ / ++
④ Luftspalt	++ / ++	++ / ++	◦ / +	◦ / ◦
⑤ Wassermantel	◦ / +	◦ / +	◦ / +	◦ / ◦

◦:$|\Delta T| < 0.5\,\mathrm{K}$, +: $0.5\,\mathrm{K} \leq |\Delta T| < 2\,\mathrm{K}$ und ++: $2\,\mathrm{K} \leq |\Delta T|$

Anhand der Resultate in Tabelle 4.5 wird der Einfluss des Wärmeübergangskoeffizienten zwischen den einzelnen Bauteilen und der kühlenden Medien auf die Temperaturen der PSM bewertet. Die notwendige Modellierungsgüte leitet sich direkt aus der Sensitivität der Komponententemperaturen ab. Die Kühlung innerhalb der Rotorwelle hat bei der vorhandenen Geometrie eine geringe Auswirkung, da das limitierende Element für die Wärmeabfuhr aus dem RBP und den Magneten bereits das RBP selbst darstellt. Wegen der geringen axialen Wärmeleitung des Rotorblechpakets (siehe Abschn. 4.2.1) hat die Kühlfläche an der Wuchtscheibe nur eine untergeordnete Rolle. Der Wärmeübergang zwischen Öl und Wickelkopf hat dagegen eine deutlich größere Bedeutung für die Kühlung der PSM, wobei der Haupteinfluss auf die Temperatur die Statorwicklung selbst ist.

Die Studien zeigen, dass der Luftspalt für die Temperaturen im Rotor die entscheidende Kühlfläche darstellt. In dem zugrundeliegenden Sektormodell wird der Spalt zwischen Stator und Rotor ohne axiale Strömung und mit Luft gefüllt betrachtet. Die modellierte PSM ist jedoch ein nasslaufender Elektromotor. Eindringendes Öl verändert das Kühlverhalten und kann im ungünstigsten Fall über die Reibung beträchtliche zusätzliche Wärme freisetzen.

Die Variation des Wärmeübergangs zum Wassermantel hat hier ebenfalls einen geringen Einfluss auf die Kühlung, denn die Betriebsbedingungen sehen für alle untersuchten Betriebspunkte eine maximale Durchströmung des Wassermantels vor. Somit ist nicht der Wärmeübergang ins Fluid die limitierende Größe, sondern der Wärmetransport in der Struktur wirkt begrenzend. Dies ist der Tatsache geschuldet, dass das entwickelte Gesamtmodell der nasslaufenden PSM zur Kalibrierung von thermischen Netzwerken für Betriebspunkte auf der Dauergrenzkennlinie dienen soll und somit die maximal mögliche Kühlwirkung des verbauten Kühlkonzepts abgerufen wird.

Für den Aufbau eines gesamtheitlichen Modells der PSM sollte der Fokus der Wärmesenkenmodellierung auf der Mehrphasenströmung des stirnseitigen Innenraums sowie des Spalts zwischen Stator und Rotor liegen. Dagegen kann die analytische Randbedingung der durchströmten Rotorwelle ebenfalls im Gesamtmodell verwendet werden, da der Einfluss auf die Bauteiltemperaturen gering ist. Auch bei der Modellierung des Kühlmantels kann weiterhin auf den analytischen Ansatz zurückgegriffen werden.

5 Fluid-Modellierung

In diesem Kapitel wird die Modellierung der Fluide im Elektromotor beschrieben. Basierend auf den Untersuchungen in Kapitel 4 wird das Strömungsgebiet in Teilbereiche zerlegt und jeweils eine geeignete Modellierungsart gewählt. Die Reihenfolge richtet sich nach der Fließrichtung des Öl-Pfads, wobei zu Beginn des Kapitels die allgemeinen Grundlagen der numerischen Modellierung der Mehrphasenströmung beschrieben werden.

5.1 Allgemeine Strömungsmechanik

Bewegungen von Fluiden können mittels weniger Grundgleichungen beschrieben werden. Ausgehend von einem festen Kontrollvolumen mit Volumen V und der Oberfläche A werden die Erhaltungsgleichungen für Masse, Impuls und Energie formuliert.

5.1.1 Erhaltungsgleichungen

Zunächst werden die Erhaltungsgleichungen am Beispiel eines Kontrollvolumens für eine einphasige Strömung beschrieben. Die Kontinuitätsgleichung beschreibt die Erhaltung der Masse:

$$\frac{\partial}{\partial t} \int_V \rho \, dV + \int_A \rho \boldsymbol{v} \cdot \boldsymbol{n} \, dA = 0 \qquad \text{Gl. 5.1}$$

mit

t	Zeit	/ s
ρ	Dichte	/ kg m^{-3}
$\boldsymbol{v}$	Geschwindigkeitsvektor	/ m s^{-1}
$\boldsymbol{n}$	Einheitsvektor senkrecht zur Oberfläche	/ -

© Der/die Autor(en), exklusiv lizenziert durch
Springer Fachmedien Wiesbaden GmbH, ein Teil von Springer Nature 2020
C. Beck, *Numerische Analyse der Zweiphasenströmung und Kühlwirkung in nasslaufenden Elektromotoren*, Wissenschaftliche Reihe Fahrzeugtechnik Universität Stuttgart, https://doi.org/10.1007/978-3-658-32607-4_5

Der erste Term beschreibt die zeitliche Änderung der Masse im Kontrollvolumen. Diese Massenänderung entspricht der Summe der Massenströme über
die Oberfläche A (2. Term).

Die Erhaltungsgleichungen des Impulses (Navier-Stokes Gleichungen) sind
wie folgt definiert:

$$\frac{\partial}{\partial t} \int_V \rho \, v \, \mathrm{d}V + \int_A \rho \, v v \cdot n \, \mathrm{d}A = \int_A T \cdot n \, \mathrm{d}A + \int_V \rho \, b \, \mathrm{d}V \qquad \text{Gl. 5.2}$$

mit

T	Spannungstensor	/ kg m^{-1} s^{-2}
b	spezifische Körperkraft	/ N kg^{-1}

Neben der zeitlichen Änderung des Impulses und des Impulsstroms durch Konvektion berücksichtigt Gl. 5.2 die auf das Fluid wirkenden Kräfte auf der rechten Seite. Die Kräfte können in Oberflächen- und Volumenkräfte aufgeteilt werden. Der erste Term auf der rechten Seite beschreibt die Oberflächenkräfte aufgrund von Druck und viskosen Spannungen. Der nächste Term beschreibt die
Körperkräfte pro Masseneinheit, welche z. B. durch Gravitation, Zentrifugal-
und Corioliskräfte entstehen.

Der Spannungstensor beschreibt die molekulare Transportrate des Impulses.
Für newtonsche Fluide wird der Tensor wie folgt gebildet:

$$T = -\left(p + \frac{2}{3}\mu \nabla \cdot v\right) I + 2\mu \, D \qquad \text{Gl. 5.3}$$

mit

p	statischer Druck	/ Pa
μ	dynamische Viskosität	/ Pa s
I	Einheitstensor	/ -
D	Tensor der Deformationsrate	/ s^{-1}

Die Energieerhaltung kann mittels spezifischer Enthalpie formuliert werden:

$$\frac{\partial}{\partial t} \int_V \rho\, h\, \mathrm{d}V + \int_A \rho\, h\, \mathbf{v} \cdot \mathbf{n}\, \mathrm{d}A = \int_A \lambda \nabla T \cdot \mathbf{n}\, \mathrm{d}A + \int_V (\mathbf{v} \cdot \nabla p + \mathbf{S} : \nabla v)\, \mathrm{d}V$$

$$+ \frac{\partial}{\partial t} \int_V p\, \mathrm{d}V$$

Gl. 5.4

mit

h	spezifische Enthalpie	/ J kg^{-1}
λ	Wärmeleitfähigkeit	/ W (m K)$^{-1}$
T	Temperatur	/ K
$\mathbf{S}$	viskoser Teil des Spannungstensors	/ kg m^{-1} s^{-2}

Die linke Seite beschreibt wiederum die zeitliche Änderung sowie der Transport aufgrund von Konvektion. Die anderen Transportmechanismen sowie die Quellen und Senken befinden sich auf der rechten Seite der Gleichung. [32]

Das Gleichungssystem aus Masse-, Impuls- und Energieerhaltung hat zunächst mehr Unbekannte (ρ, $\mathbf{v}$, p, h) als Gleichungen. Über die Einführung der Zustandsgleichung wird das Gleichungssystem lösbar. [57]

5.1.2 Numerische Modellierung

Das Differentialgleichungssystem kann nur in Sonderfällen analytisch gelöst werden, weshalb die Wahl eines geeigneten Approximationsverfahrens notwendig ist.

Den Startpunkt der numerischen Lösung des mathematischen Modells bildet die Wahl der Diskretisierungsmethode. Qualitätskriterien für eine geeignete Lösungsmethode sind Konsistenz, Stabilität und Konvergenz. Beim verwendeten Finite-Volumen-Verfahren wird das gesamte Lösungsgebiet in finite Volumen unterteilt, um das zuvor eingeführte Differentialgleichungssystem zu lösen. Im Unterschied zu dem Differenzen- und dem Finite-Element-Verfahren wird dabei nicht die Näherungslösung in den Knotenpunkten des zugrundeliegenden Rechengitters bestimmt, sondern der konstante, integrale Mittelwert innerhalb einer Zelle berechnet. Neben der räumlichen ist auch die zeitliche Diskretisierung für die Qualität des Approximationsverfahrens verantwortlich. Der konvektive Transport pro Zeitschritt kann in Abhängigkeit der räumlichen Diskretisierung mit Hilfe der Courant-Zahl bewertet werden:

$$cfl = \frac{v\,\Delta t}{\Delta x} \qquad\qquad \text{Gl. 5.5}$$

mit

cfl	Courant-Zahl	/ -
v	Geschwindigkeit	/ m s^{-1}
Δt	Zeitschrittweite	/ s
Δx	Raumschrittweite	/ m

Bei der Lösung der Wärmeleitungsgleichung ist die Diffusionszahl d ein Maß zur Bewertung der Zeitschrittweite in Bezug auf Stoffeigenschaften und räumliche Diskretisierung:

$$d = \frac{\kappa\,\Delta t}{\Delta x^2} \qquad\qquad \text{Gl. 5.6}$$

mit

d	Diffusionszahl	/ -
κ	Temperaturleitfähigkeit	/ m^2 s^{-1}

Die beiden Kenngrößen unterliegen je nach gewähltem Verfahren Kriterien, deren Einhaltung die Approximation beeinflusst. [57]

5.1.3 Turbulenz

Die Erhaltungsgleichungen aus Abschnitt 5.1.1 sind sowohl für laminare als auch turbulente Strömungen gültig. Ob eine Strömung laminar oder turbulent ist, kann durch die Reynolds-Zahl abgeschätzt werden (vgl. Gl. 3.5):

$$Re = \frac{v\,L}{\nu} \qquad\qquad \text{Gl. 5.7}$$

mit

Re	Reynolds-Zahl	/ -
L	charakteristische Länge	/ m
ν	kinematische Viskosität	/ $m^2 s^{-1}$

Diese dimensionslose Kennzahl beschreibt das Verhältnis von Trägheitskräften zu Zähigkeitskräften. Wird ein kritischer Wert überschritten, ist ein Umschlag zu einer turbulenten Strömung zu erwarten. Dieser Grenzwert ist nicht allgemein definiert, sondern ist abhängig von der Problemstellung. [78]

Turbulente Strömungen zeichnen sich durch instationäre und nicht periodische Fluktuationen aus, die sich über große zeitliche und räumliche Skalen erstrecken. Im Bereich großer Turbulenzballen kommt es durch die kinetische Energie aus der Grundströmung zur Turbulenzproduktion. Der anschließende Zerfall aufgrund von Instabilitäten in kleinere Strukturen und die steigende Frequenz der Fluktuationen wird in der Energiekaskade beschrieben. Im Bereich der kleinsten Strukturen dissipiert schließlich die turbulente Energie. Die Erhaltungsgleichungen aus Abschnitt 5.1.1 sind auch im Bereich der kleinsten turbulenten Strukturen gültig. Die notwendige räumliche wie zeitliche Diskretisierung zum Erfassen dieser Strukturen ist jedoch für die meisten ingenieurtechnischen Fragestellungen zu aufwendig. Diese Art der Berechnung wird als direkte numerische Simulation (DNS) bezeichnet. Ein anderer Ansatz zur Modellierung des Turbulenzeinflusses besteht in der Zerlegung der Größen des Strömungsfeldes in einen Mittelwert und einen fluktuierenden Anteil. Je nach Problemstellung und Variable ist die Reynolds- bzw. Favre-Zerlegung in Kombination mit einer zeitlichen, räumlichen oder Ensemble-basierten Mittelwertbildung besser geeignet [35]. Eingesetzt in die Erhaltungsgleichungen entsteht ein gemitteltes Gleichungssystem – die Reynolds-gemittelten Navier-Stokes-Gleichungen (RANS). Durch die Mittelwertbildung von Produkten mehrerer Schwankungsgrößen entsteht das Schließungsproblem der Turbulenz, da diese Terme durch die Mittelung nicht verschwinden und somit aufgrund unbekannter Fluktuationen modelliert werden müssen. Dazu wird im Weiteren für alle Untersuchungen mit RANS das k-ε-Modell verwendet. [28]

Neben DNS und RANS wird die Large Eddy Simulation (LES) eingesetzt. Im Unterschied zu RANS werden die groben turbulenten Strukturen dreidimensional, zeitabhängig berechnet und nur die kleinskaligen Fluktuationen modelliert. Damit ist das Verfahren zwar rechenintensiv, jedoch im Vergleich zur DNS für einige praktische Fälle anwendbar. [32]

Detaillierte Beschreibungen der Strömungsmechanik sowie der Methoden zur Strömungssimulation sind in [28, 32, 57] zu finden.

5.1.4 Wandwärmeübergang

Die Wärmesenken in Gl. 4.1 können entweder durch Wärmeleitung oder Strahlung entstehen [67]. Die Wärmestrahlung ist in diesem Fall aufgrund der geringen Temperaturen vernachlässigbar [21]. Die Wärmeübertragung zwischen einem strömenden Fluid und einer Wand wird als Konvektion bezeichnet. Diese unterteilt sich wiederum in die natürliche und die erzwungene Konvektion. Der Wärmeübergang wird maßgeblich durch die Stoffeigenschaften des Fluids und die aufgrund der Strömung ausgebildete Temperaturgrenzschicht beeinflusst. Bei der natürlichen Konvektion ist die treibende Kraft für die Strömung der Dichteunterschied aufgrund von Temperaturunterschieden im Fluid. Erzwungene Konvektion liegt vor, wenn die Strömung durch von außen aufgeprägte Druckunterschiede verursacht wird. [8]

Die Modellierung der Wärmestromdichte $\dot{q}$ ist in Gl. 5.8 beschrieben [82].

$$\dot{q} = \frac{\rho_f c_p v^*}{T^+} \left(T_{\text{Wand}} - T_f \right) \qquad\qquad \text{Gl. 5.8}$$

mit

ρ_f	Dichte des Fluids	/ $\text{kg}\,\text{m}^{-3}$
c_p	spezifische Wärmekapazität des Fluids	/ $\text{J}\,(\text{kg}\,\text{K})^{-1}$
v^*	Referenzgeschwindigkeit	/ $\text{m}\,\text{s}^{-1}$
T_{Wand}	Temperatur der Wandoberfläche	/ K
T_f	Temperatur des Fluids	/ K
T^+	dimensionslose Temperatur	/ -

Neben dem mittleren Zustand der wandnächsten Fluid-Zelle und der Temperatur der Wandoberfläche wird die Referenzgeschwindigkeit und die dimensionslose Temperatur zur Berechnung des Wandwärmeübergangs benötigt. Diese beiden Größen werden mit Wandfunktionen berechnet, die aufgrund der starken Dämpfung und Anisotropie der Turbulenz in Wandnähe notwendig sind. Mit Hilfe des dimensionslosen Wandabstands y^+ kann die Lage des ersten Gitterpunktes im Grenzschichtprofil bestimmt und somit mit gewissen Annahmen das Profil approximiert werden. [32]

Das Temperaturprofil [47] und die Geschwindigkeitsverteilung [73] können von der viskosen Unterschicht bis zum Bereich des log-Wandgesetzes näherungsweise wiedergeben werden. Die zugrundeliegenden Modelle basieren in den meisten Fällen auf Untersuchungen von relativ einfachen Strömungsformen (z. B. ebene Platte). Eine Plausibilitätskontrolle der Ergebnisse bei Verwendung mit komplexeren Strömungen ist zwingend erforderlich.

5.2 Mehrphasenströmung

Bedingt durch das in Abschnitt 2.4.2 vorgestellte Kühlkonzept der verwendeten PSM ist die Strömung im Innenraum mehrphasig. Zur Simulation von Mehrphasenströmungen sind je nach Art der Strömung diverse Ansätze vorhanden. Im Weiteren wird der Fokus auf die verwendeten Modellierungsansätze zur Berechnung von Strömungen mit freien Oberflächen und dispersen Phasen gelegt.

5.2.1 Freie Oberflächen

Sind die Phasen durch eine freie Oberfläche getrennt und findet kein Phasenwechsel statt, müssen die kinematische und die dynamische Randbedingung an der Grenzfläche zwischen den zwei Phasen eingehalten werden. Da zunächst weder die Form noch die Lage der Oberfläche in Bezug zum Kontrollvolumen bekannt sind, ist die Implementierung der Randbedingungen komplex. [32]

Eine Methode zur Bestimmung der freien Oberfläche ist das Verfahren Volume
of Fluid (VOF), wobei eine zusätzliche Transportgleichung für den Volumenanteil einer Phase gelöst wird [43]:

$$\frac{\partial}{\partial t} \int_V \phi_i \, dV + \int_A \phi_i \mathbf{v} \cdot \mathbf{n} \, dA = 0 \qquad\qquad \text{Gl. 5.9}$$

mit

ϕ_i Volumenanteil von Phase i / -

Gl. 5.9 beschreibt den Transport einer Phase einer quellfreien Mehrphasenströmung. Um die Verschmierung der Grenzfläche zu reduzieren, wird das High-
Resolution Interface Capturing (HRIC) Schema verwendet [58].

Bei der verwendeten VOF-Methode werden die Phasen als ein Fluid behandelt
und die Stoffeigenschaften entsprechend der Volumenanteile ermittelt.

5.2.2 Strömungen mit disperser Phase

Zur Berechnung von Mehrphasenströmungen mit dispersen und einer kontinuierlichen Phase sind effizientere Lösungsmethoden als die Auflösung der freien
Oberfläche zwischen den Phasen verfügbar.

Euler-Euler-Methode

Bei Verwendung der Euler-Euler-Methode werden sowohl die kontinuierliche
als auch die dispersen Phasen mittels Eulerscher Betrachtungsweise berücksichtigt. Der Lösungsaufwand ist unabhängig von der Anzahl der Partikel, da
für jede Phase die in Abschnitt 5.1.1 beschriebenen Erhaltungsgleichungen gelöst werden. Je nach untersuchten Phänomenen wird die Interaktion zwischen
den Phasen über separate Terme realisiert. Eine Eulersche Phase repräsentiert
eine Klasse von Partikeln mit gleichen Eigenschaften. Somit müssen bei variie-
renden Eigenschaften mehrere Eulersche Phasen eingeführt werden, wodurch
der Rechenaufwand steigt. Diese Betrachtungsweise eignet sich für große Par-
tikelbeladungen gleicher Partikelklasse und bei Phasenübergängen. [32]

Euler-Lagrange-Methode

Bei geringer Partikelbeladung eignet sich die Lagrangesche Beschreibung der dispersen Phasen, welche sich innerhalb einer mit dem Eulerschen Ansatz beschriebenen kontinuierlichen Phase bewegen. Die Trajektorien einzelner Partikel werden nach dem 2. Newtonschen Gesetz bestimmt:

$$m_P \frac{\partial v_P}{\partial t} = \sum F \qquad\qquad \text{Gl. 5.10}$$

mit

m_P	Partikel-Masse	/ kg
v_P	Partikelgeschwindigkeit	/ m s^{-1}
F	wirkende Kräfte	/ N

Der Term auf der rechten Seite beinhaltet alle auf ein Partikel wirkenden Kräfte. Bei Anwendungen mit niedrigen Partikelkonzentrationen kann eine Ein-Wege-Kopplung zur Reduktion des Rechenaufwands verwendet werden, da der Einfluss der dispersen auf die kontinuierliche Phase zu vernachlässigen ist. Ist der Einfluss nicht vernachlässigbar wird die Zwei-Wege-Kopplung verwendet, d. h. der Austausch zwischen disperser und kontinuierlicher Phase findet in beide Richtungen statt. Eine Zwei-Wege-Kopplung ist notwendig, wenn der Impuls- und Stoffaustausch zwischen Partikel und kontinuierlicher Phase die Eigenschaften der kontinuierlichen Phase maßgeblich ändert. Diese Interaktionen mit der umgebenden Phase werden unter anderem durch Gl. 5.11 und Gl. 5.12 beschrieben.

Übergang zur kontinuierlichen Phase:

$$\frac{\partial m_P}{\partial t} = \sum \dot{m}_P \qquad\qquad \text{Gl. 5.11}$$

Temperaturänderung durch Verdampfung:

$$m_P c_p \frac{\partial T_P}{\partial t} = \sum \dot{Q}_P \qquad\qquad \text{Gl. 5.12}$$

mit

T_P	Partikel-Temperatur	/ K
$\dot{m}_P$	Massenquelle/-senke	/ kg s^{-1}
$\dot{Q}_P$	Energiequelle/-senke	/ W

Zur Reduktion des Rechenaufwands mit Zunahme der Partikelanzahl können einzelne Partikel gleicher Klasse zu Paketen (Parcel) zusammengefasst werden. [95]

Neben dem konvektiven Wärmeübergang der kontinuierlichen Phase aus Gl. 5.8 wird der Wärmeübergang zwischen den Partikeln und der Wand nach Gl. 5.13 bestimmt [94].

$$\dot{Q}_{Wand} = A_K \frac{2\sqrt{t_K}}{\sqrt{\pi}\,\Delta t_P} \frac{b_{Wand}\,b_P}{b_{Wand} + b_P} (T_{Wand} - T_P) \qquad \text{Gl. 5.13}$$

mit

$\dot{Q}_{Wand}$	Wärmestrom an der Wand	/ W
A_K	effektive Kontaktfläche	/ m^2
t_K	Kontaktzeit zwischen Tropfen und Wand	/ s
Δt_P	Partikel Zeitschritt	/ s
b_P	Wärmeeindringkoeffizient (Partikel)	/ J K^{-1} m^{-2} s$^{-1/2}$
b_{Wand}	Wärmeeindringkoeffizient (Wand)	/ J K^{-1} m^{-2} s$^{-1/2}$

5.3 Fehleranalyse

Bei der numerischen Lösung der aufgestellten Gleichungssysteme treten verschiedene Fehlertypen auf. Um die erforderliche Genauigkeit bei der Strömungssimulation zu erreichen, müssen die Einflüsse der auftretenden Fehler abgeschätzt und gegebenenfalls reduziert werden.

5.3.1 Fehlertypen

Unterschieden werden Iterations-, Diskretisierungs- und Modellfehler, wobei etwaige Programmier- und Anwenderfehler ausgeschlossen werden.

Iterationsfehler

Die Gleichungssysteme werden zur numerischen Lösung linearisiert und mit Hilfe von iterativen Methoden gelöst. Anhand von zu definierenden Konvergenzkriterien wird der Lösungsprozess nach einer endlichen Anzahl von Iterationen unter Inkaufnahme eines Restfehlers abgebrochen.

Diskretisierungsfehler

Infolge der räumlichen und zeitlichen Diskretisierung werden die in der Erhaltungsgleichung vorkommenden Gradienten nur näherungsweise berechnet. Dies führt zu Abweichungen von der exakten Lösung, die vom Rechengitter und der Zeitschrittweite abhängen. Aus diesem Grund sollte das Rechengitter auf das zu lösende Problem adaptiert werden und Gitterkonvergenzstudien zur Bewertung des Einflusses der Rechengitter auf die Lösung erfolgen.

Modellfehler

Bei der Strömungssimulation werden die physikalischen und chemischen Prozesse mittels mathematischer Modelle beschrieben. Die getroffenen Modellannahmen und die Vernachlässigungen bei der Modellierung führen zu Abweichungen zwischen dem tatsächlichen Prozess und der exakten Lösung der Modelle.

Weiterführende Informationen zu diesen Fehlertypen und zu deren Vermeidung sind [32] zu entnehmen.

5.3.2 Parameterstudien

Um die Fehler bei der Modellierung der Mehrphasenströmung mittels hybridem Ansatz aus Lagrangescher Mehrphasenbeschreibung (LMP) und VOF zu reduzieren, werden Parameterstudien zur Abschätzung der Genauigkeit durchgeführt. Eine geeignete Wahl der Modellparameter und die Bewertung der Einflüsse erfolgt mit dem vereinfachten Modell in Abbildung 5.1. [5]

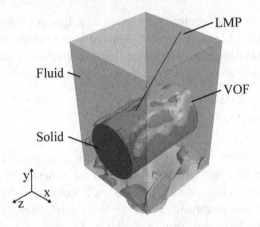

Abbildung 5.1: Vereinfachtes Modell zur Analyse des Übergangs zwischen Lagrangeschen Partikeln und VOF

Der Fokus liegt zunächst auf den beiden erforderlichen Kriterien Masse- und Energieerhaltung bei der Kopplung der Ansätze LMP und VOF sowie dem Einfluss auf die sich einstellenden Temperaturen des vereinfachten Wickelkopfmodells. Die entstehenden Abweichungen werden durch ungenügende Konvergenz bei der Lösung der Gleichungssysteme verursacht, die aufgrund der stark unterschiedlichen Anforderungen an die Modelle bei möglichst geringen Rechenzeiten entstehen können. Zur Reduktion des Fehlers, der bei der iterativen Lösung des Gleichungssystems entsteht, kann die Anzahl der iterativen Lösungsschritte (innere Iterationen) auf Kosten der Rechenzeit erhöht werden.

Das vereinfachte Modell besteht aus einem den Wickelkopf repräsentierenden Zylinder mit anisotroper Wärmeleitung und Wärmequellen sowie einem Fluid-Raum mit bewegter Düse. Die Einspritzung wird über einen in Richtung der Zylinderachse bewegten Punkt-Injektor beschrieben. Die Orientierung der Schwerkraft ist in negativer y-Richtung. Dies garantiert einen Abfluss des Öls aus dem Strömungsgebiet.

Der Einfluss der folgenden Parameter auf die Lösung wird untersucht:

- Anzahl an eingebrachten Parcel pro Zeitschritt
- Partikel-Durchmesser
- Zellgröße des Grundgitters
- Anzahl an Wandschichten
- Streckfaktor der Wandschichten
- Größe der Wandoberflächenzellen
- Zeitschrittweite

Das resultierende Setup verbesserte die Konvergenz und Stabilität des hybriden Ansatzes bei einer Drehung des Rotors von maximal 0.5° pro Zeitschritt für die untersuchten Kombinationen aus Drehzahl (1000 - 10000 min^{-1}) und Volumenstrom (4 - 8 l min^{-1}). Die Haupteinflussgröße ist das Seitenverhältnis der Wandzellen auf der Zylinderoberfläche. Dies ergibt sich aus der Tatsache, dass zum einen die Benetzung mit Öl in wandnormaler Richtung diskretisiert werden sollte und zum anderen das Zellvolumen für den Übergang von LMP nach VOF geeignet sein sollte. Beim Übergang wird die komplette Masse der Partikel der Eulerschen Öl-Phase zugeführt. Bei größeren Zellvolumina ist die Änderung der VOF-Phase bei gegebenem Zeitschritt geringer, wodurch sich die Konvergenz verbessert.

Zur Bewertung der Modellfehler sind experimentelle Referenzmessungen erforderlich. Andernfalls erfolgt über die Variation der verwendeten Modelle zur Beschreibung der Phänomene eine Bewertung des Einflusses anhand der Streubreite der Ergebnisse.

5.4 Modellierung der Fluid-Strömung

In diesem Abschnitt werden auf Basis der Tabelle 4.5 und den übergeordneten Anforderungen sowie Herausforderungen bzgl. der abzubildenden Zeit- und Längenskalen aus Kapitel 3 geeignete Submodelle entwickelt. Im Vordergrund der Modellierung steht die Vorhersagbarkeit der Temperaturverteilung in der elektrischen Maschine bei akzeptabler Rechenzeit und weniger die detaillierte Abbildung und Analyse sämtlicher Strömungsphänomene.

5.4.1 Rotorwelleninnenströmung

Nach der Bewertungsmatrix 4.5 ist der Einfluss der Wärmeabfuhr innerhalb der rotierenden Welle auf die Bauteiltemperaturen für die untersuchten Betriebspunkte gering. Die Ursache liegt in der geringen Kühlfläche und im hohen thermischen Widerstand innerhalb der Struktur. Aufgrund der vorhandenen analytischen Ansätze zur Beschreibung des Wärmeübergangs in rotierenden, durchströmten Rohren, welche zudem experimentell abgeglichen wurden [91, 92], wird im Folgenden auf die Strömungssimulation der rotierenden Welle zwecks Berechnung des Wärmeübergangs verzichtet.

5.4.2 Innenraum

Bei der Modellierung der Innenraumströmung besteht die Herausforderung in der Berücksichtigung der relevanten Strömungsphänomene bei gleichzeitig geringer Rechenzeit (siehe Abschn. 3.2.2). Die zeitliche Diskretisierung wird zum einen durch die Auflösung der Rotation sowie des Öl-Strahls und zum anderen durch den schwerkraftgetriebenen Abfluss des Öls dominiert. Um die Phänomene räumlich auflösen zu können, wird zudem ein partiell verfeinertes Rechengitter benötigt. Neben den eingebrachten Öl-Strahlen sind vor allem die Öl-Filme auf der Wuchtscheibe und dem Wickelkopf entsprechend aufzulösen.

Aufgrund der vorherigen Studien wurde der Einfluss der Kühlung an der Wuchtscheibe der verwendeten PSM als geringfügig ermittelt. Zusätzlich wird

aufgrund der Einbaulage der Düsen kein konstanter Öl-Film auf der Oberfläche erwartet, weshalb der Fokus der nachfolgenden Untersuchungen auf der
Modellierung des Öl-Strahls und des Wärmeübergangs am Wickelkopf liegt.

Ansatz 1: Stationäre Betrachtung mit ortsfestem Rotor

Eine stationäre Betrachtung der Mehrphasenströmungen im Innenraum hat
sich als nicht zielführend erwiesen. Bei einer stationären Betrachtung wird
das Strömungsgebiet in zwei ortsfeste Bereiche unterteilt. Im innen liegenden
Gebiet wird der Einfluss der Rotation über ein rotierendes Bezugssystem auf-
geprägt (*engl.: Moving Reference Frame*). Damit die Öl-Strahlen nicht andau-
ernd auf die gleiche Stelle im äußeren Teil des Elektromotors auftreffen, findet
eine Mittelung in der sogenannten Mixing-Plane am Übergang zwischen den
zwei Strömungsgebieten statt. Die Mittelung führt in Kombination mit VOF
und der transienten Phasengrenze zu einer unphysikalischen Unschärfe selbi-
ger. In den mit einem Gemisch aus Öl und Luft gefüllten Zellen werden die
Stoffeigenschaften per Mittelung berechnet, wodurch ein Gebiet zwischen den
Phasen mit stark erhöhter Viskosität entsteht. In der Folge steigt der Impulsaus-
tausch zwischen Regionen unterschiedlicher Phasen an, die Schleppverluste
nehmen zu und das Öl-Luft-Gemisch wird stärker gemischt. Auch im übrigen
Strömungsgebiet führt die erzwungene Stationarität zum Verwischen der Phasengrenze mit ähnlichen Folgen. Dieser Zustand ist selbstverstärkend und führt
zu einer unphysikalischen Lösung der Mehrphasenberechnung.

Ansatz 2: Transiente Betrachtung mit ortsfestem Rotor

Nachfolgend wird ein transienter Ansatz verfolgt, bei welchem zur Einbringung des Öls Partikel in der Lagrangeschen Betrachtungsweise verwendet werden. Dieser Ansatz bietet drei maßgebliche Vorteile:

- Die rechenzeitintensive Berechnung der Düseninnenströmung zur Ermittlung der Randbedingungen der Düsen kann separat erfolgen. Ebenfalls
  können vereinfachte Ansätze zur Abschätzung der Strömungsform beim
  Verlassen der Düsen herangezogen werden.

- Die Geometrie der Düsen ist nicht Teil des Modells, wodurch das Interface zwischen dem stehenden und dem rotierenden Rechengitter entfällt.
  Somit entfallen die Interpolation und die Zeitschrittbeschränkung am Interface. Die Partikel können über die Vorgabe von Einspritzpunkten im

Rechengitter eingebracht werden. Diese Punkte sind weitgehend gitterunabhängig und können somit ohne zusätzliche Interpolation von einem zum nächsten Zeitschritt um die Drehachse der Rotorwelle rotiert werden.

- Die Diskretisierung des Innenraums zur Berücksichtigung des rotierenden Öl-Strahls mittels VOF würde ein deutlich feineres Rechengitter erfordern. Da der Strahl rotiert, müsste die feinere Diskretisierung über den kompletten Umfang erfolgen.

Jedoch dürfen einige Nachteile nicht vernachlässigt werden:

- Die Lagrangesche Methode basiert auf der Annahme von Partikeln, welche sich in einer kontinuierlichen Phase befinden. In Fällen mit intakten, nicht aufgebrochenen Öl-Strahlen wird diese Annahme verletzt, weshalb ein besonderes Augenmerk auf das Ergebnis der Simulation gelegt wird.
- Die Partikel können weder den Wandfilm aus Öl noch den Öl-Sumpf abbilden. Eine weitere Beschreibung für diese beiden Strömungsformen muss eingeführt werden.

Dennoch wird aufgrund der deutlichen Reduktion des Rechenaufwands des entstehenden Gesamtmodells eines nasslaufenden Elektromotors, der eingebrachte Öl-Strahl mittels Partikeln beschrieben. Zusätzlich wird zur Beschreibung der großflächigen Öl-Strukturen und -Filme der VOF-Ansatz gewählt.

Die notwendige Kopplung der beiden Beschreibungsansätze ist einseitig und bildet ausschließlich den Übergang von LMP zu VOF ab. Der Beschreibungswechsel findet statt, sobald Öl-Partikel auf die Wand treffen oder Kontakt mit der freien Oberfläche besteht. Die freie Oberfläche ist über eine Isofläche mit einem Öl-Anteil von 50 % definiert. Da die beiden Ansätze unterschiedliche Anforderungen an die räumliche und zeitliche Diskretisierung haben, sind vorab Parameterstudien an einem vereinfachten Modell durchzuführen (siehe Abschn. 5.3). Im Nachgang erfolgt der Übertrag auf ein Strömungsmodell mit realer Geometrie, in dem eine detaillierte Modellierung der Düsenströmung verwendet wird.

Düsen-Modellierung

Zur Eliminierung der kleinen Längen- und Zeitskalen der rotierenden Stufendüsen aus dem Gesamtmodell der PSM findet eine dreistufige Modellierung der Düse statt. Abbildung 5.2 zeigt die drei Teilbereiche, die nacheinander in Richtung des Öl-Flusses berücksichtigt werden. Teilbereich ① umfasst die einphasige Strömung innerhalb der Rotorwelle. Über eine separate Betrachtung der einphasigen Strömung des Zulaufs zu den Stufendüsen können etwaige für die Strahlausbildung maßgebliche Sekundärströmungen berücksichtigt werden. Die ermittelte Geschwindigkeitsverteilung wird am Einlass der detaillierten Düsen-Simulation vorgegeben. Dieses Vorgehen ist anwendbar, solange keine Rückströmung an der Schnittstelle zwischen den Teilbereichen ① und ② auftritt.

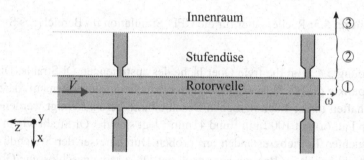

Abbildung 5.2: Zerlegung des Fluidraums in Teilbereiche

Für die Simulation der Stufendüse ② wird das in Abbildung 5.3 dargestellte Rechengitter verwendet. Im Bereich des Strahls wird die Zellgröße des strukturierten Hexaedergitters auf bis zu $6.25\,\%$ der Basisgröße von $0.5\,mm$ reduziert, um ein geeignetes Gitter für die VOF-Methode zu erhalten. Zur Auflösung der Grenzschicht an der Wand werden zusätzliche Wandschichten eingeführt. Die Herausforderung besteht nicht in der Auflösung des Geschwindigkeitsfelds in der Düse, sondern in der Diskretisierung der dünnen Öl-Filme an der Düsenwand. Diese dünnen Strukturen setzen sich direkt nach dem Verlassen der Düse fort und müssen durch das Rechengitter aufgelöst werden.

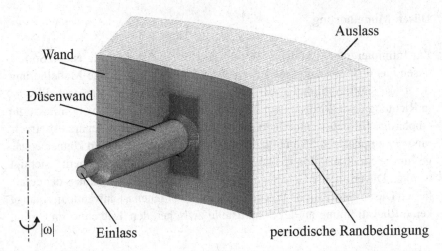

Wand

Düsenwand

Auslass

$|\omega|$ Einlass   periodische Randbedingung

Abbildung 5.3: Rechengitter für die CFD-Simulation im Bereich des Strahls

Abbildung 5.4 zeigt die freie Oberfläche des austretenden Öl-Strahls. Die Betriebspunkte (a)-(d) weisen stark unterschiedliche Strahlformen auf, deren Eigenschaften in der Lagrangeschen Beschreibung berücksichtigt werden müssen. In Fall (a) mit $1000\,min^{-1}$ und $41\,min^{-1}$ legt sich der Öl-Strahl wie in allen untersuchten Betriebszuständen am großen Durchmesser der Stufendüse an. Der Strahl behält im Bereich kurz nach der Düse seine geschlossene Oberfläche. Im Querschnitt (siehe Abb.5.6) sind drei Flüssigkeitsanhäufungen zu erkennen, welche über eine Flüssigkeitslamelle miteinander verbunden sind. Mit Erhöhung des Volumenstroms scheinen bei gleicher Drehzahl feine Strukturen in der freien Oberfläche zu entstehen ((b)). Mit Erhöhung der Drehzahl auf $10000\,min^{-1}$ sind bereits kurz nach Düsenaustritt Flüssigkeitsligamente und Tropfen zu erkennen ((c) und (d)).

(a) $1000\,\text{min}^{-1}$ | $41\,\text{min}^{-1}$

(b) $1000\,\text{min}^{-1}$ | $81\,\text{min}^{-1}$

(c) $10000\,\text{min}^{-1}$ | $41\,\text{min}^{-1}$

(d) $10000\,\text{min}^{-1}$ | $81\,\text{min}^{-1}$

Abbildung 5.4: CFD-Simulation der Strömung in rotierenden Düsen

Neben den gezeigten Betriebszuständen können sich an der Stufendüse aufgrund der Strahlablenkung relativ zur bewegten Rotorwelle, der Corioliskraft und der aerodynamischen Kräfte weitere Strahlformen entwickeln. Auf der Grundlage weiterer numerischer Analysen wird ein vertiefter Einblick in die Mechanismen innerhalb der Stufendüse gegeben. In Abbildung 5.5 sind mehrere beobachtete Grundformen in der Düse gegenübergestellt. Je nach Kombination aus Drehzahl und Volumenstrom trifft der Strahl auf dem großen Durchmesser auf ((c) und (d)) oder verlässt die Düse ohne zweiten Wandkontakt ((a) und (b)).

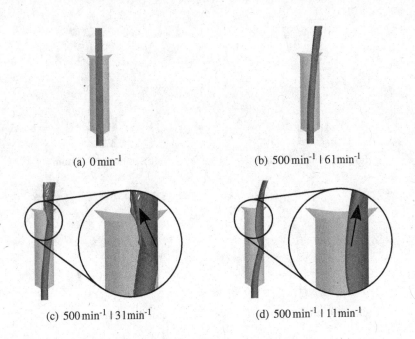

(a) 0 min⁻¹   (b) 500 min⁻¹ | 61 min⁻¹

(c) 500 min⁻¹ | 31 min⁻¹   (d) 500 min⁻¹ | 11 min⁻¹

Abbildung 5.5: Strahlbildung in der rotierenden Stufendüse

Ohne Rotation der Welle verlässt der Strahl die Düse nahezu gerade (siehe Abb. 5.5 (a)). Eine etwaige Ablenkung kann durch Störungen in der Zuströmung entstehen. Nach dem Verlassen der kleinen Bohrung wirken auf den Strahl nahezu keine äußeren Kräfte, d. h. die Bewegungsrichtung ist bezogen auf das feste Inertialsystem fast geradlinig mit der am Düsenaustritt herrschenden Geschwindigkeit. Die rotierende Düsenwand der großen Bohrung dreht sich durch die zunehmende Umfangsgeschwindigkeit auf den Strahl zu, der die kleinere Umfangsgeschwindigkeit vom Austritt aus der kleinen Bohrung beibehält. Der Öl-Strahl wird relativ zur rotierenden Düse abgelenkt. Ist der Volumenstrom und somit die radiale Geschwindigkeit des Strahls über einem gewissen drehzahlabhängigen Niveau, ist die relative Ablenkung über die Düsenlänge zu gering und der Strahl verlässt die Düse wie im stehenden Fall ohne Wandkontakt mit der großen Bohrung. Dieser Zustand ist in Abbildung 5.5 (b) dargestellt. Für eine Drehzahl von 500 min⁻¹ sind 61 min⁻¹ Öl gerade noch ausreichend. Bei reduziertem Volumenstrom kommt das Öl kurz vor dem Ende der Stufendüse mit der Wand in Kontakt (siehe Abb. 5.5 (c)). Die bis zum Verlassen der Düse wirkende Corioliskraft reicht jedoch nicht aus, um die durch den Auftreffimpuls entstehende Aufweitung umzukehren. Das Öl verlässt die Düse in einem expandierenden Zustand. Trifft das Öl bei weiter reduziertem Volumenstrom früher auf die Wand, wirkt die Corioliskraft länger auf das entlang der Wand der großen Bohrung sich ausbreitende Öl. In der Folge wird der Strahl bis zum Düsenaustritt kanalisiert, da sich die tangentiale Geschwindigkeitskomponente an der Wand umkehrt (Abb. 5.5 (d)). Eigene Untersuchungen und eine detaillierte Beschreibung zu den Phänomenen in der rotierenden Stufendüse sind in [7] zu finden. Neben den aufgezeigten Phänomenen der Düsenströmung und der Strahlausbreitung sind weitere Effekte durch Kavitation in der Düse und das Rückströmen von Luft in die Rotorwelle zu erwarten, die unter Umständen eine weitere Verfeinerung der Rechengitter oder die Verwendung zusätzlicher physikalischer Modelle erfordern.

Der Übertrag von der VOF-Simulation auf LMP an der Schnittstelle zum stirnseitigen Innenraum zwischen den Teilbereichen ② und ③ wird über die in Abbildung 5.6 dargestellten Auswerteebenen realisiert. Die Ebenen am Düsenaustritt unterteilen den runden Querschnitt in 30°-Segmente.

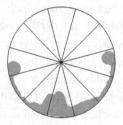

(a) CFD-Simulation mit Auswerteebene   (b) Auswerteebene mit Öl-Verteilung

Abbildung 5.6: Übertrag von VOF nach LMP für 1000 min^{-1} | 41 min^{-1}

Zur Erhaltung der zeitlich gemittelten Massen- und Impulsströme werden die Geschwindigkeiten, der Massenstrom und basierend auf der effektiv durchströmten Fläche ein Tropfendurchmesser für die Partikel abschnittsweise bestimmt. Somit entsteht pro Segment ein Punkt-Injektor, dessen Position über den massenstromgemittelten Flächenschwerpunkt der durchströmten Fläche ermittelt wird. Der Massenstrom von Segmenten mit weniger als 2 % des gesamten Massenstroms wird vernachlässigt und die Masse auf die anderen Segmente verteilt.

Mit diesem Ansatz gelingt der Übertrag einer komplexen Düseninnenströmung auf die Lagrangesche Beschreibung. Das expandierende und kontrahierende Verhalten direkt am Auslass der Düse kann berücksichtigt werden. Da die Partikel bei der verwendeten 2-Wege-Kopplung ohne weitere Tropfeninteraktionsmodelle nicht miteinander interagieren, werden Effekte wie z. B. die wirkenden Kräfte aufgrund der Oberflächenspannung durch die verbindende Flüssigkeitslamelle zwischen den größeren Strahlstrukturen nicht berücksichtigt.

Validierung

Die Validierung der Strömungsphänomene erfolgt mit einem neu entwickelten Prüfstand, der analog zu Prüfständen der Verbrennungsdiagnostik die Strömungen in elektrischen Maschinen optisch zugänglich macht. Das Ziel ist die realitätsnahe Nachbildung des Elektromotors unter möglichst definierten Randbedingungen, um den Einfluss einzelner Strömungsphänomene und deren Kühlwirkung bewerten zu können. Dazu lag das Augenmerk bei der Entwicklung des Prüfstands auf der Ermöglichung einer hohen Variabilität, um verschiedenste Kühlkonzepte bewerten zu können. Neben mehreren konditionierten Kühlkreisen zur Zuführung in das stehende wie drehende System wurden verschiedene Messtechniken zur Bestimmung der Schleppmomente, Temperaturen, Drücke und Massenströme integriert. Zusätzlich besteht die Möglichkeit über ohmsche Heizelemente sowohl im Stator als auch Rotor gezielt Wärme freizusetzen.

In Abbildung 5.7 ist das elektrische Transparent-Aggregat dargestellt, wobei nur die Rotorwelle mit den integrierten Stufendüsen im weitgefassten Prüflingsgehäuse verbaut ist. Die Öl-Zuführung erfolgt dabei von Seiten der Antriebsmaschine, um die Schleppmomente bei der Öl-Durchführung von den Schleppverlusten durch die Lager, die Dichtringe und die Strömung zu entkoppeln. Die Sichtfenster ermöglichen die Beobachtung des Öl-Strahls aus mehreren Perspektiven. Dies ermöglicht den Blick auf den Düsenaustritt und auch die anschließende Strahlausbreitung.

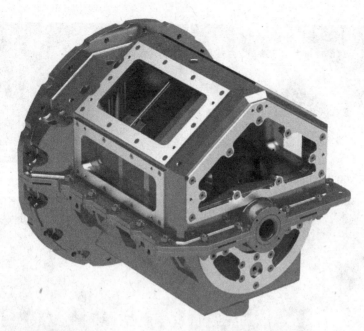

Abbildung 5.7: CAD-Modell des elektrischen Transparent-Aggregats

Analog zur Simulation findet die experimentelle Untersuchung mit einer definierten Öl-Eintrittstemperatur statt. Jedoch kann am Prüfstand nur die Temperatur vor und nach dem Prüfling gemessen werden, d. h. geringfügige Temperaturabweichungen beim Strahlaustritt sind möglich. Auch der Volumenstrom kann nur gemeinsam für die sich gegenüberliegenden Düsen gemessen werden. Aus diesem Grund wird angenommen, dass die Fertigungsungenauigkeiten keine Rückwirkung auf die Gleichverteilung haben. Um große Unterschiede durch die Fertigung auszuschließen wurden Abdrücke der Düsengeometrien erstellt, welche keine Auffälligkeiten aufweisen. In Abbildung 5.8 sind die gleichen Betriebszustände wie in den Simulationen (siehe Abb. 5.4) dargestellt.

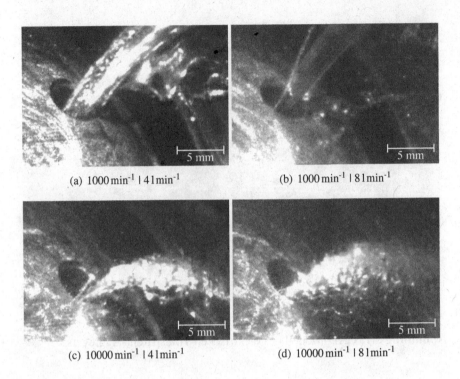

(a) $1000\,\text{min}^{-1}$ | 41min^{-1}

(b) $1000\,\text{min}^{-1}$ | 81min^{-1}

(c) $10000\,\text{min}^{-1}$ | 41min^{-1}

(d) $10000\,\text{min}^{-1}$ | 81min^{-1}

Abbildung 5.8: Optische Analyse der Strömung in rotierenden Düsen

Im Unterschied zur Simulation, bei der durch die Wahl der Randbedingung das Fluid rotiert und keine Sekundärtropfen zurück in den Beobachtungsraum fallen, können Tröpfchen im Experiment die Sicht negativ beeinflussen. Zur Gewährleistung der optischen Zugänglichkeit in allen gezeigten Betriebspunkten sind drei Maßnahmen erforderlich:

- Der Öl-Strahl wird gezielt abgefangen, um den Einfluss von Sekundäröl zu minimieren. Die spiralförmige Innenkontur des Fangrings in Abbildung 5.9 führt das austretende Öl ab. Damit der Strahl im unteren Teil nicht in das von der Oberseite abfließende Öl spritzt und somit Sekundärtropfen entstehen könnten, wird ein Teil des Öls auf halber Höhe in einen zweiten Abflusskanal abgeleitet.

Abbildung 5.9: Fangring

Der Fangring hat sich bei niedrigen Drehzahlen ($< 2000\,\text{min}^{-1}$) und hohen Volumenströmen ($> 41\,\text{min}^{-1}$) als nützlich erwiesen. Bei diesen Zuständen ist der Auftreffimpuls auf dem Gehäuse besonders hoch.

- Bei Betriebszuständen mit auftretender Zerstäubung am Düsenaustritt sind weitere Maßnahmen notwendig, da das Abfangen des Strahls nur bedingt funktioniert. Ein breites Spektrum an Tropfendurchmessern entsteht und die kleinen Tröpfchen folgen aufgrund der geringen Stokes-Zahl teilweise der Strömung der kontinuierlichen Phase. Durch das Einbringen von Luft im Bereich der rückversetzten optischen Zugänge wird der Kontakt des Öls mit den Sichtfenstern verhindert (siehe Abb. 5.10).

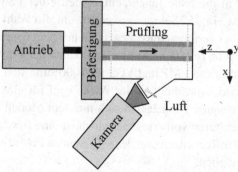

Abbildung 5.10: Prinzipskizze des Aufbaus mit Lufteindüsung

- Die messtechnische Erfassung erfolgt mit einer Hochgeschwindigkeits-
  kamera. Durch die Verdrehung des Objektives kann unter Einhaltung
  der Scheimpflug-Bedingung eine scharfe Abbildung einer Objektebene
  erstellt werden, die nicht parallel zur Bildebene liegt [4]. Dies ist erforderlich, um das Düsenloch und den sich ausbreitenden Öl-Strahl scharf
  in der Ausbreitungsebene abzubilden. Die Position der Kamera in Bezug
  zur Rotorwelle im Prüfling ist in Abbildung 5.10 dargestellt.

Strömungen mit freier Oberfläche sind transient und auch die erwähnten Sekundärtropfen sowie Strömungseffekte durch umliegende Komponenten er-
schweren einen direkten Vergleich mit der Simulation. Nichtsdestotrotz sind
die Strömungsstrukturen zwischen Simulation und Experiment qualitativ vergleichbar. Auch die in Abbildung 5.5 dargestellte Strahlbildung in der Stufendüse kann mit diesem experimentellen Aufbau beobachtet werden [7].

Die verwendeten Modelle zur simulativen Bestimmung der Randbedingungen
der Punkt-Injektoren scheinen geeignet und werden zur Berechnung der Mehrphasenströmungen in rotierenden Stufendüsen im Weiteren verwendet.

Strömungssimulation

Nachdem nun die partikelbasierte Modellierung der Düse mit Hilfe von detaillierten Simulationen der Zweiphasenströmung in rotierenden Düsen dar-
gelegt wurde, wird nachfolgend die Integration des hybriden Ansatzes aus
LMP und VOF in die reale Innenraumgeometrie der PSM beschrieben. Dazu wird zunächst ein $45°$ Sektor verwendet, um die Wahl der Parameter aus
Abschnitt 5.3.2 bei geringeren Rechenzeiten mit dem neuen Setup zu überprü-
fen. Abbildung 5.11 zeigt eine Momentaufnahme der Fluidverteilung des gekoppelten Ansatzes von LMP und VOF für $1000\,min^{-1}$ und $81\,min^{-1}$. In diesem
Sektormodell wird ausschließlich der Wickelkopf für eine Wärmeübergangs-
berechnung verwendet. Zwar lassen sich mit dem Modell keine realistischen
Wicklungstemperaturen vorhersagen, jedoch ist eine Bewertung des hybriden
Ansatzes bzgl. der Rechenzeit und der auftretenden Fehler bei der numerischen
Modellierung möglich.

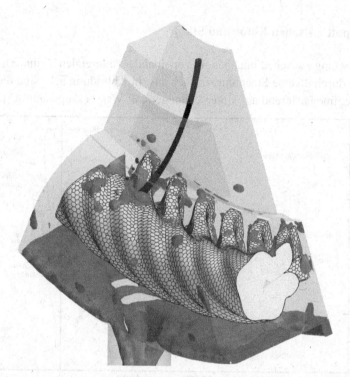

Abbildung 5.11: Visualisierung der Mehrphasenströmung mit detaillierter
Geometrie [5]

Die Studien zeigen, dass die unter Abschnitt 5.3.2 ermittelten Parameter auch
bei Verwendung der komplexeren Geometrie gültig sind und in Kombination
mit der Modellierung der Düsen mittels mehrerer Punkt-Injektoren verwendet
werden können. Die Rechenzeit und die Auswirkungen der Fehler auf den Erhalt von Masse und Energie sind hinreichend gering.

Somit wird das entwickelte Setup für die Modellierung der Mehrphasenströmung im stirnseitigen Fluidraum des Gesamtmodells verwendet. Der Haupt-
unterschied besteht dabei in der Erweiterung des Modells auf 360° und der
Berücksichtigung des Wärmeübergangs an allen Wänden.

5.4.3 Spalt zwischen Rotor und Stator

Die Strömung zwischen unabhängig voneinander rotierenden Zylindern zeichnet sich durch diverse Strömungsformen aus. In Abbildung 5.12 sind die Strömungsregime basierend auf Untersuchungen mit Wasser dargestellt. [1]

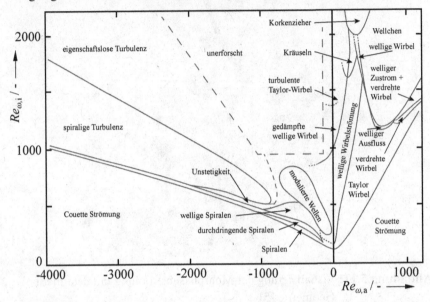

Abbildung 5.12: Strömungsregime zwischen rotierenden Zylinder nach [1]

Die Klassifizierung findet über die Rotations-Reynolds-Zahlen von innerem und äußerem Zylinder statt:

$$Re_{\omega,i} = \frac{r_i\,(r_a - r_i)\,\omega_i}{\nu} \qquad\qquad \text{Gl. 5.14}$$

$$Re_{\omega,a} = \frac{r_a\,(r_a - r_i)\,\omega_a}{\nu} \qquad\qquad \text{Gl. 5.15}$$

mit

$Re_{\omega,i}$	Rotations-Reynolds-Zahl (innen)	/ -
$Re_{\omega,a}$	Rotations-Reynolds-Zahl (außen)	/ -
r_i	Innenradius	/ m
r_a	Außenradius	/ m
ω_i	Winkelgeschwindigkeit (innen)	/ rad s^{-1}
ω_a	Winkelgeschwindigkeit (außen)	/ rad s^{-1}
v	kinematische Viskosität	/ m^2 s^{-1}

Aufgrund der Vielzahl der Strömungsregime, die sich je nach Kombination der Reynolds-Zahlen einstellen, ist die Modellierung der Schleppverluste und der Wärmeübergänge im Spalt zwischen Rotor und Stator komplex. Beim nasslaufenden Elektromotor bildet der Öl-Anteil im Spalt eine weitere Unbekannte, die in bisherigen Untersuchungen nicht berücksichtigt wurde. Aufgrund der kleinen Längen- und Zeitskalen der Spaltströmung wird der Spalt separat vom Innenraum betrachtet. Nachfolgend wird ein Ansatz entwickelt, der den Einfluss von Drehzahl, Wandtemperaturen und Füllständen bei gleichzeitig geringem Rechenaufwand innerhalb der Systemsimulation des Elektromotors berücksichtigen kann.

CFD-Simulation

Für Voruntersuchungen der Phänomene im Spalt wird ein entmagnetisierter Elektromotor im Schleppbetrieb mit einer Drehmomentmessnabe verwendet. Das Einbringen des Öls erfolgt ebenfalls über die Rotorwelle. Da der Motor ohne Batteriesimulator betrieben wird, erfolgt die thermische Konditionierung der Struktur über das eingebrachte Öl.

Abbildung 5.13 zeigt die Schleppmomente bezogen auf den Maximalwert der beiden Messreihen. Die Momentenverläufe über der Drehzahl lassen sich in drei Bereiche unterteilen. Im Gebiet ① sind die auftretenden Momente durch einen mit Öl gefüllten Spalt zwischen Rotor und Stator erklärbar. Die Verläufe sind neben der Drehzahl auch von der Temperatur und somit der Viskosität des Öls abhängig. Bei Erhöhung der Drehzahl bricht das Schleppmoment beim

Erreichen eines kritischen Punkts plötzlich innerhalb weniger Umdrehungen ($N < 100$) deutlich ein. In dieser Übergangszone ② scheint sich der Spalt zumindest teilweise zu entleeren, wodurch die niedrigere Viskosität und Dichte der Luft das Schleppmoment reduzieren. Im Anschluss folgt Gebiet ③, in dem sich wiederum ein mit der Drehzahl ansteigendes Drehmoment einstellt. Der Gradient und das Ausgangsniveau der Drehmomente liegt deutlich unter den erwarteten Reibverlusten bei einem mit Öl gefüllten Spalt und über dem Moment für reine Luft. Die Schleppmomente verhalten sich für den Durchlauf der Messreihen mit zunehmenden Drehzahlen ähnlich wie für abnehmende Drehzahlen.

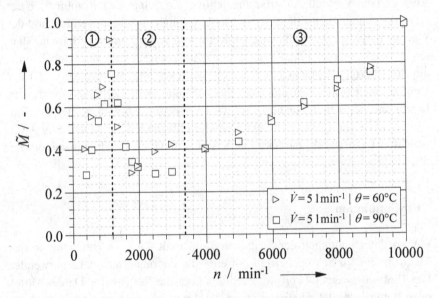

Abbildung 5.13: Normiertes Schleppmoment am Prüfstand

Die Ergebnisse legen die Vermutung nahe, dass sich ein drehzahlabhängiger Füllstand für den Spalt einstellt. Die Befüllung und Entleerung des Spalts mit Öl erfolgt innerhalb weniger Umdrehungen, d. h. verglichen mit der Zeit zur Erwärmung der Struktur in einem sehr kurzen Zeitraum. Dieses Verhalten rechtfertigt die Annahme eines konstanten mittleren Füllstandes in einem entkoppelten Submodell für die Berechnung von Dauerbetriebspunkten.

Selbst bei konstantem globalen Füllstand könnte die Öl-Verteilung über den Umfang des Motors ungleichmäßig sein. Daher wird im ersten Schritt die Verteilung über den Umfang bei 140 °C und einem Öl-Anteil von 50 % in einem Teilstück des Luftspalts betrachtet. Das für die Simulation verwendete Segment besteht aus 1/16 der Länge und dem kompletten Umfang des Spalts mit allen 48 Statornuten. Zu Beginn der Rechnung befindet sich das Öl auf der Außenseite des Spalts und ist gleichmäßig über den Umfang verteilt. Die rechenzeitintensive LES lässt bei vertretbarem Aufwand nur die Berechnung geringer physikalischer Zeiten zu. Abbildung 5.14 zeigt den Öl-Anteil in zwölf über den Umfang verteilten Segmenten. Segment 1 befindet sich zwischen 0° und 30° in Drehrichtung ausgehend von der 12-Uhr-Stellung.

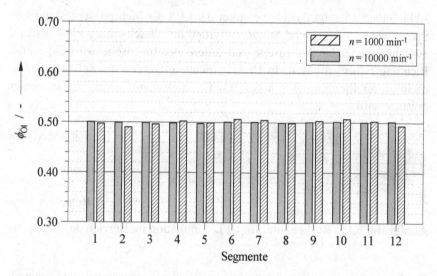

Abbildung 5.14: Verteilung nach mehreren Umdrehungen mit $\phi_{\text{Öl,Start}} = 0.5$

In beiden Betriebspunkten entsteht auch nach mehreren Umdrehungen des Rotors keine übermäßige Ansammlung von Öl in den unteren Segmenten. Dies führt zur Annahme, dass sich die Verteilung des Öls über den Umfang für alle untersuchten Betriebszustände ähnlich verhält und eine gleichmäßige Öl-Verteilung angenommen werden kann. Der Einfluss der Schwerkraft scheint auf makroskopischer Ebene ab spätestens 1000 min^{-1} vernachlässigbar zu sein.

Dennoch kann eine Auswirkung auf lokale Instabilitäten der Strömung bestehen. Aus diesem Grund wird im Folgenden nur ein Sektor betrachtet, der 1/48
des Umfangs und 1/16 der Länge des gesamten Spalts abbildet. In dem Sektor
wird die Schwerkraft über eine Volumenkraft berücksichtigt, welche in radialer
Richtung zur Drehachse zeigt und somit die periodischen Randbedingungen
in der Simulation erfüllt. Dieses Setup betrachtet den Fall, bei welchem die
Schwerkraft entgegen der Zentrifugalkraft wirkt. Das Öl kann je nach Verhältnis von Schwer- zu Zentrifugalkraft in Richtung des Rotors transportiert werden und erhöhte Schleppverluste verursachen. Zunächst erfolgt eine isotherme
Betrachtung, um einen ersten Eindruck der zu erwartenden Strömungsphänomene bei verschiedenen Temperaturen zu erhalten.

Abbildung 5.15 zeigt das Rechengitter der LES der Mehrphasenströmung im
Spalt zwischen Rotor und Stator. Aufgrund des Geschwindigkeitsgradienten
zwischen stehender Außenseite und rotierender Innenseite wird die radiale
Richtung feiner aufgelöst. In Umfangsrichtung werden die Zellen gestreckt,
da in dieser Richtung eine hohe Geschwindigkeit mit geringem Gradienten
erwartet wird.

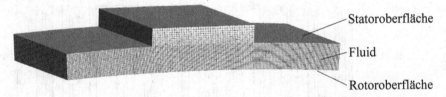

Statoroberfläche

Fluid

Rotoroberfläche

Abbildung 5.15: Rechengitter für CFD-Simulation im Bereich des Luftspalts

Die Ergebnisse einer Parameterstudie bei 1000 min^{-1} sowie verschiedenen Öl-
Anteilen $\phi_{\text{Öl}}$ und Temperaturen T zeigen, dass zusätzliche Phänomene aufgrund des Öl-Anteils entstehen (siehe Abb. 5.16). Ausgehend von reiner Luft
steigt das Drehmoment mit Hinzunahme von Öl an. Je nach Fluid-Temperatur
bricht das Drehmoment im Bereich von $\phi_{\text{Öl}} \approx 0.5$ ein. Im Anschluss an diesen
Bereich mit reduziertem Drehmoment steigt das Reibmoment kontinuierlich
bis zum vollgefüllten Spalt an.

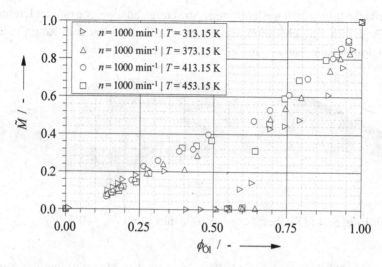

Abbildung 5.16: Normiertes Drehmoment für verschiedene Öl-Anteile

Die Visualisierungen des Öls in der Simulation für $\phi_{\text{Öl}} = 0.25$ und $\phi_{\text{Öl}} = 0.5$ zeigen die Ursache für das kurzzeitige Absinken des Schleppmoments mit steigendem Öl-Anteil. Bei $\phi_{\text{Öl}} = 0.25$ kann sich das Öl ausgehend von dem Startfüllstand nicht auf der Seite des Stators halten. Das Öl tropft auf den Rotor und muss beschleunigt werden. Dieser Prozess führt zur Erhöhung der Reibung im Spalt und zur Durchmischung des Öls mit der Luft (siehe Abb. 5.17).

Abbildung 5.17: Öl-Oberfläche bei $1000\,\text{min}^{-1}$ und $\phi_{\text{Öl}} = 0.25$

Ausgehend von der anfänglich geschichteten Öl-Verteilung entsteht diese Mischung für $\phi_{\text{Öl}} = 0.5$ auch nach $N > 50$ nicht (siehe Abb. 5.18). Auf der freien

Oberfläche bilden sich wellenförmige Strukturen aus, welche mit der Drehrichtung wandern. Jedoch kommt das Öl nicht in Kontakt mit dem Rotor und die Schleppmomente sind somit kleiner als für den Fall $\phi_{\text{Öl}} = 0.25$.

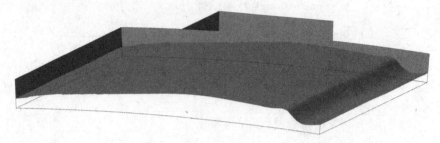

Abbildung 5.18: Öl-Oberfläche bei $1000 \, \text{min}^{-1}$ und $\phi_{\text{Öl}} = 0.5$

Dieses Verhalten lässt sich mit Hilfe eines einfachen Modells unter der Annahme von laminarer Strömung zwischen einem stehenden äußeren und einem rotierenden inneren Zylinder prinzipiell erklären. Für laminare Strömungen ist die Scherspannung proportional zum Produkt aus der dynamischen Viskosität und dem Geschwindigkeitsgradienten [50]:

$$\tau = \mu \, \frac{\mathrm{d}v}{\mathrm{d}r}$$

Gl. 5.16

mit

τ	Scherspannung	/ $\text{kg m}^{-1} \text{s}^{-2}$
μ	dynamische Viskosität	/ kg (m s)^{-1}
$\mathrm{d}v/\mathrm{d}r$	Geschwindigkeitsgradient	/ s^{-1}

Unter der Annahme einer geschichteten Couette-Strömung lässt sich daraus unter Berücksichtigung der kinematischen Kopplungsbedingung für die Geschwindigkeit an der freien Oberfläche ($v_{\text{Öl}} = v_{\text{Luft}}$) das Geschwindigkeitsprofil im Luftspalt ermitteln. Abbildung 5.19 zeigt die dimensionslose Geschwindigkeit $\tilde{v}$ in Abhängigkeit vom dimensionslosen Radius $\tilde{r}$ für die Öl-Anteile $\phi_{\text{Öl}} = \{0.0; 0.25; 0.5; 0.75\}$. Die freie Oberfläche zwischen Öl und Luft (O) wird auf konstantem Radius angenommen und die in der Simulation beobachteten Wellen werden vernachlässigt.

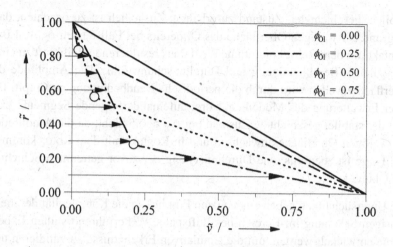

Abbildung 5.19: Modellvorstellung der zylindrischen, laminaren Luftspalt-strömung

Aufgrund der Krümmung wirkt nach Gl. 5.17 eine Zentrifugalbeschleunigung, die im betrachteten Sektor der Schwerkraft entgegen wirkt.

$$a_r = \frac{v_t^2}{r} \qquad\qquad \text{Gl. 5.17}$$

mit

a_r	radiale Beschleunigung	$/\ \mathrm{m\,s^{-2}}$
v_t	tangentiale Geschwindigkeit	$/\ \mathrm{rad\,s^{-1}}$
r	Radius	$/\ \mathrm{m}$

Die Geschwindigkeit an der Phasengrenze nimmt mit dem Füllstand zu und somit auch die resultierende Kraft. Mit dem Modell kann gezeigt werden, dass erst ab einem gewissen Öl-Stand die Zentrifugalkräfte im Öl die Schwerkraft überwinden, so dass das Öl außen am Stator verbleibt.

Im realen Luftspalt existieren zusätzliche Nuten in axialer Richtung, in denen die Rotationsgeschwindigkeit des Fluids gebremst wird. Zum Ausgleich muss das rotierende Öl-Volumen eine zusätzliche Kraft aufbringen, um einen stabilen, geschichteten Zustand zu erhalten. Zusätzlich ist zu beachten, dass aufgrund der welligen Oberfläche das Öl bereits bei Füllständen $\phi_{\text{Öl}} < 1.0$ in Kontakt mit dem Rotor kommt und die daraus resultierende Reibkraft zu einer zusätzlichen Beschleunigung und Durchmischung führt. Die Amplitude der Oberflächenwellen wird durch die periodische Randbedingung gedämpft. Bei einer Erweiterung des Modells auf drei aufeinanderfolgende Segmente existiert der stabile, geschichtete Zustand bei $\phi_{\text{Öl}} \approx 0.5$ nicht, da die Amplituden der welligen Oberfläche anwachsen und in Kontakt mit dem Rotor kommen. Die Folge ist ebenfalls eine Durchmischung der zuvor getrennten Schichten aus Öl und Luft.

Die Untersuchungen geben einen ersten Einblick in die Komplexität der mehrphasigen Strömung im Bereich des Luftspalts. Weiterführend sollten Experimente entwickelt werden, um die simulativen Erkenntnisse zu validieren und die Vorhersagefähigkeit des Modells zu verbessern.

Spalt-Modell

Aufgrund der bereits bei einphasigen Strömungen im Spalt auftretenden vielfältigen Strömungsformen (siehe Abb. 5.12), deren Komplexität bei mehrphasigen Strömungen noch einmal zunimmt, kann mit vertretbarem Rechenaufwand nur ein kleiner Sektor mit ausreichender Genauigkeit simuliert werden. Die am reduzierten Sektormodell gewonnenen Ergebnisse werden über einen Tabellenansatz zur Berücksichtigung der Strömungs- und Wärmetransportvorgänge im Gesamtmodell des Elektromotors implementiert. Dieser Ansatz soll die Eigenschaften bei geringem Rechenaufwand abbilden und mit simulativen sowie experimentellen Daten erweiterbar sein.

Die gängige Methode der Tabellierung der gesuchten Größen aus detaillierten Betrachtungen bietet diese Möglichkeit. Dazu wird das zuvor in diesem Abschnitt eingeführte Modell verwendet und zur Ermittlung der Wärmeübergänge um die Wandtemperaturen erweitert. Die Temperaturen sind auf dem Rotor T_{Rotor} und dem Stator T_{Stator} über die komplette Fläche konstant. Als Resultate der Simulation werden der spezifische Wärmestrom $\dot{q}_{\text{Rotor}}$ und die spezifische Reibleistung p_{Reib} bezogen auf die Rotoroberfläche in Abhängigkeit der beiden Wandtemperaturen, der Drehzahl und des Öl-Anteils abgelegt.

Abbildung 5.20 zeigt exemplarisch die Datenstruktur, die jeweils für die beiden Größen bei entsprechender Drehzahl aufgebaut wird.

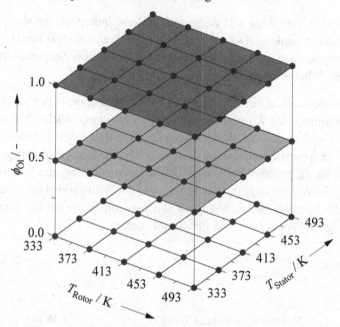

Abbildung 5.20: Exemplarische Datenstruktur des Spalt-Modells

Ausgehend von der Tabelle können mittels Interpolation in den dargestellten Ebenen ($\phi_{\text{Öl}}$ = konst.) die Werte zwischen den Stützstellen berechnet und als Randbedingung an der Rotoroberfläche vorgegeben werden (siehe Abb. 5.21).

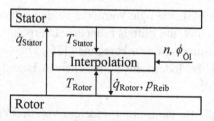

Abbildung 5.21: Blockdiagramm des Spalt-Modells

Somit sind der spezifische Wärmestrom auf der Rotoroberfläche und die zugehörige Schleppleistung aus den abgelegten Kennfeldern bestimmbar.

Neben dem in Abbildung 5.21 dargestellten Berechnungsschema sind auch andere Varianten denkbar. Der Öl-Anteil im Spalt kann ebenso iterativ mittels
der Schleppverluste im Spalt ermittelt werden, wenn zum Zeitpunkt der Simulation bereits belastbare Schleppmessungen vorliegen.

Der letzte Bestandteil zur Abbildung des Wärmetransports über den Spalt ist
die Bestimmung des Wärmeübergangs an der Statoroberfläche. Mit den spezifischen Größen wird der Wärmestrom über die Rotoroberfläche und die im
Luftspalt freigesetzte Reibleistung bestimmt. Um die Energieerhaltung des Gesamtsystems zu gewährleisten, wird der Wärmestrom über die Statoroberfläche aus dem Wärmeübergang des Rotors und der Reibwärme berechnet. Über
die auf die Statoroberfläche bezogene Wärmestromdichte aus Gl. 5.18 findet
der homogene Wärmeeintrag in den Stator statt.

$$\dot{q}_{Stator} = \frac{P_{Reib} - \dot{Q}_{Rotor}}{A_{Stator}} \qquad \text{Gl. 5.18}$$

mit

$\dot{q}_{Stator}$	Wärmestromdichte (Stator)	/ $W\,m^{-2}$
$\dot{Q}_{Rotor}$	Wärmestrom (Rotor)	/ W
P_{Reib}	Reibleistung	/ W
A_{Stator}	Oberfläche (Stator)	/ m^2

Die verwendete Interpolation untergliedert sich in zwei Schritte und ist für die
Größen $\dot{q}_{Rotor}$ respektive p_{Reib} unterschiedlich.

Anhand des Öl-Anteils werden die Werte der beiden benachbarten Datensätze
mit $\phi_{Öl} =$ konst. gewählt, um mittels bilinearer Interpolationen den gesuchten
Wert zwischen den Stützstellen zu berechnen [76]. Die Genauigkeit der Interpolationen wird erhöht, indem die Stützstellen in Bezug zur abzubildenden
Physik gewählt werden.

Nach Gl. 5.16 ist die Reibung unter anderem von der Viskosität des Fluids
abhängig. Diese ändert sich wiederum mit der Temperatur (siehe A1.1). Um
das Verhalten bei der Interpolation zu berücksichtigen, werden zunächst die

Stützstellen S1 und S2 zwischen Punkten gleicher mittlerer Temperatur $\overline{T}$ bestimmt (siehe Abb. 5.22). Die Mittelung erfolgt nach Gl. 5.19 aus den beiden Wandtemperaturen.

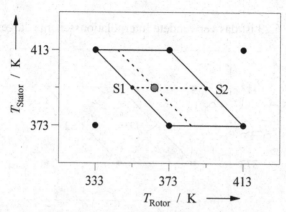

Abbildung 5.22: Interpolationsschema der spezifischen Reibleistung p_{Reib}

$$\overline{T} = \frac{T_{Rotor} + T_{Stator}}{2} = \text{konst.}$$ Gl. 5.19

mit

$\overline{T}$	mittlere Temperatur	/ K
T_{Rotor}	Temperatur auf Rotoroberfläche	/ K
T_{Stator}	Temperatur auf Statoroberfläche	/ K

Im Anschluss wird über eine zweite lineare Interpolation die gesuchte spezifische Reibleistung p_{Reib} bestimmt.

Das Vorgehen zur Berechnung des spezifischen Wärmestroms an der Rotoroberfläche $\dot{q}_{Rotor}$ erfolgt analog. Da der Wärmetransport von der Temperaturdifferenz ΔT beeinflusst wird (siehe Gl. 4.1), werden für die erste Interpolation Punkte mit gleicher Temperaturdifferenz verwendet. Diese wird ebenfalls mit den Wandtemperaturen nach Gl. 5.20 bestimmt.

$$\Delta T = |T_{Rotor} - T_{Stator}| = \text{konst.}$$ Gl. 5.20

mit

ΔT Temperaturdifferenz   / K

In Abbildung 5.23 ist das verwendete Interpolationsschema dargestellt.

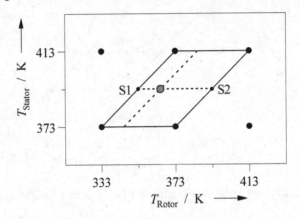

Abbildung 5.23: Interpolationsschema des spezifischen Wärmestroms am Rotor $\dot{q}_{Rotor}$

Mit Hilfe dieses Spalt-Modells besteht die Möglichkeit den Einfluss der Mehrphasenströmung auf den Wärmeübergang und die Schleppverluste im Spalt für verschiedenen Betriebszustände im Gesamtmodell zu berücksichtigen. Aufgrund der Variabilität der steuernden Größe in Form des Öl-Anteils oder des Schleppmoments lässt sich das Modell bei einer verbesserten Datenlage und dem Vorliegen experimenteller Ergebnisse einfach erweitern und anpassen. Des Weiteren hilft dieser Ansatz bei der Ursachenforschung ungeklärter Verlustmechanismen zur Abschätzung des Einflusses von Öl im Spalt zwischen Rotor und Stator.

Der Fokus der Untersuchungen liegt auf der Entwicklung einer zielführenden Methodik zur 3D-Simulation von nasslaufenden Elektromotoren. Aus diesem Grund werden zwar Effekte aufgezeigt, die bei der mehrphasigen Strömung des Innenraums und des Luftspalts in der elektrischen Maschine auftreten, jedoch wird weder auf alle entdeckten Phänomene eingegangen noch ist davon auszugehen, dass die bisher gefundenen Phänomene die Physik vollständig beschreiben. Eine detaillierte Untersuchung der Mehrphasenströmung ist weiterhin Gegenstand der Forschung.

5.4.4 Wassermantel

Der ins Gehäuse integrierte Wassermantel ist Stand der Technik und wurde bereits vielfach untersucht. Die Strömung kann als eindimensionale Rohrströmung aufgefasst und mit den klassischen Ansätzen als Funktion der Lauflänge ab Einlass gelöst werden. Die verwendete Modellierung wurde bereits in Kapitel 4 in ähnlicher Form beschrieben. Bei der Betrachtung des vollen Umfangs kann zum einen die reale Geometrie und zum anderen die Lauflänge ab dem Einlass als Bezugsgröße verwendet werden. Die Bestimmung der Referenztemperatur erfolgt durch abschnittsweise Zuführung von Wärme. In Abbildung 5.24 ist diese exemplarisch für einen Betriebspunkt dargestellt.

Abbildung 5.24: Verteilung der Referenztemperatur des Wassermantels

Der Abgleich mit der dreidimensionalen Simulation unter verschiedenen Betriebsbedingungen zeigt, dass die Abweichungen in der radialen sowie axialen

Temperaturverteilung im Blechpaket nur 1 K betragen und daher vernachlässigbar sind. Jedoch ist trotz stationärer Simulation des 3D-Strömungsgebiets die Rechenzeit um Größenordnungen schneller. Die detailgetreue Berücksichtigung der Struktur des Gehäuses aus Aluminium hat sich als wichtig erwiesen.

Die Kühlung mittels spiralförmigem Wassermantel kann durch eine geänderte Strömungsführung des Kühlmittels verbessert werden [49].

5.5 Bewertung der Subsysteme

Neben der weiteren Verwendung der analytischen Wärmeübergänge in der Rotorwelle und im Wassermantel wurden zwei neue Ansätze zur Modellierung des stirnseitigen Innenraums und des Spalts zwischen Rotor und Stator eingeführt. Diese beiden Subsysteme reduzieren den enormen Rechenaufwand, der aufgrund stark unterschiedlicher Größenskalen bei der Berechnung der Zweiphasenströmung und Kühlwirkung bei der Simulation der PSM entsteht.

Der hybride Ansatz aus LMP und VOF mit einer separaten Betrachtung der Düseninnenströmung ermöglicht die Berechnung des gesamten stirnseitigen Innenraums in unter zwei Tagen auf 40 Cores in einem Betriebspunkt mit einer Drehzahl von $1000 \, \text{min}^{-1}$. Nach dieser Zeitspanne sind die Massenströme an Ein- und Auslass sowie die Bauteiltemperaturen konvergiert. Die vorab notwendige Detailsimulation der Düseninnenströmung erfordert einen ähnlichen Rechenaufwand. Diese Ergebnisse sind jedoch für weitere Betriebspunkte mit gleicher Drehzahl, Volumenstrom und Temperatur des Kühlmediums verwendbar. Da nur die Geometrien der Düsen und der Einsatzbereich der Maschinen bekannt sein müssen, ist die Durchführung der Simulationen bereits früh im Entwicklungsprozess möglich.

Das für den Wärmeübergang zwischen Rotor und Stator entwickelte Spalt-Modell basiert auf der Interpolation von tabellarisch abgelegten Daten und führt somit bei der Anwendung im Gesamtmodell nur zu einem geringen Rechenaufwand. Der Aufwand steckt in der Befüllung der Datenmatrix mit den Stützstellen für die unabhängigen Variablen (n, $\phi_{\text{Öl}}$, T_{Rotor} und T_{Stator}). Bei unterschiedlichen Drehzahlen werden jeweils 105 Kombinationen aus Wandtemperaturen und Füllstand berechnet. Dies erfordert auf 40 Cores eine mehrtägige Berechnung für jede Drehzahl, die jedoch aufgrund der einfachen Geometrie und der Unabhängigkeit von der restlichen PSM ebenfalls zu einer frühen Phase im Entwicklungsprozess gestartet werden kann und nur wiederholt werden muss, wenn sich die Geometrie des Spalts oder der Betriebsbereich ändert.

Die verwendeten Subsysteme zeichnen sich durch die effiziente Berücksichtigung der Kühlwirkung der Mehrphasenströmung im Gesamtmodell und die Variabilität der Modellierung in Bezug auf die Erweiterbarkeit beim Vorliegen neuer simulativer oder experimenteller Befunde aus.

6 Systemintegration und Validierung

Die entwickelten Submodelle werden zu einem Gesamtsystem der untersuchten PSM integriert. Dieses Modell erlaubt eine digitale Kühlkonzeptbewertung von nasslaufenden Elektromotoren im Entwicklungsprozess sowie die Kalibrierung von thermischen Netzwerken auf Basis der Bauteiltemperaturen in einzelnen Dauerbetriebspunkten. Die Validierung des Ansatzes erfolgt über einen Abgleich der Komponententemperaturen zwischen Prüfstand und Simulation mittels Dauerbetriebspunkten - S1. Die zu ermittelnden Temperaturen beschreiben somit einen quasistationären Zustand.

6.1 Subsystem-Integration

Der Fokus bei der Integration der Submodelle liegt auf der Minimierung der Rechenzeit, Variabilität des Systems im Hinblick auf Erweiterbarkeit und auf der Energieerhaltung. Die Temperaturverteilungen der PSM sind im Experiment auf beiden Seiten des Elektromotors ähnlich. Ebenfalls sind die Hochvolt-Anschlüsse (HV-Anschlüsse) bei der aktuellen Wickelkopfmodellierung nicht im Detail modelliert, sondern über eine Anpassung des Wicklungsvolumens berücksichtigt. Aus diesen Gründen wird im Folgenden ausschließlich die Seite ohne HV-Anschlüsse betrachtet.

In Abbildung 6.1 sind die Datenflüsse zwischen den Subsystemen zur Erfüllung der Anforderungen bei den gegebenen Herausforderungen in nasslaufenden Elektromotoren (siehe Kapitel 3) in Form eines Blockdiagramms dargestellt. Das Gesamtsystem besteht hauptsächlich aus den Modellen für Solid und Fluid, zu deren Lösung eine gekoppelte Simulation zum Einsatz kommt. Die weiteren Submodelle zur Berücksichtigung des Spalts zwischen Stator und Rotor sowie die Bilanzierung sind in den Berechnungsablauf der Struktur integriert. Im Weiteren folgt die Beschreibung der Submodelle und deren Datenaustausch untereinander.

© Der/die Autor(en), exklusiv lizenziert durch
Springer Fachmedien Wiesbaden GmbH, ein Teil von Springer Nature 2020
C. Beck, *Numerische Analyse der Zweiphasenströmung und Kühlwirkung in nasslaufenden Elektromotoren*, Wissenschaftliche Reihe Fahrzeugtechnik Universität Stuttgart, https://doi.org/10.1007/978-3-658-32607-4_6

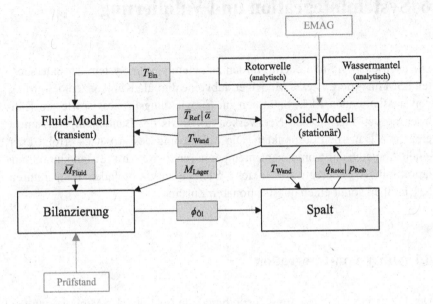

Abbildung 6.1: Blockdiagramm der Systemsimulation

Solid-Modell

Da die thermischen Zeitskalen im Vergleich zu den auftretenden Skalen innerhalb des Fluids groß sind (siehe Abschn. 3.2.1) und das Gesamtmodell zum
Abgleich quasistationärer Betriebspunkte dient, ist die stationäre Modellierung
der Struktur des Elektromotors aus Kapitel 4 geeignet. Die Wärmequellen
durch die Lagerreibung werden ebenso berücksichtigt wie die elektromagnetischen Verlustmechanismen in den Blechpaketen, der verteilten Einzugswicklung und den Magneten. Innerhalb des stationären Modells sind die Wärmesenken des Wassermantels mit WEG und der Rotorwelleninnenströmung zur
Speisung der rotierenden Stufendüsen über die beschriebenen analytischen Ansätze berücksichtigt.

Spalt

Auch das entwickelte Spalt-Modell ist Teil der Strukturberechnung und somit
stationär (siehe Abschn. 5.4.3). Dieses ist jedoch aufwendiger, da es neben
dem Wärmeübergang zwischen Rotor und Stator auch die Wärmefreisetzung

in Form von Schleppverlusten berücksichtigt. Dieser Umstand macht verschiedene Implementierungen des Spalt-Modells möglich:

1. M_S = const.:
   Das Schleppmoment M_S im Spalt kann mit separat durchgeführten Schleppmessungen unter Verwendung eines entmagnetisierten Elektromotors und mit einer Bilanzierung der Verluste am Prüfstand bestimmt werden. In diesem Fall wird der Öl-Anteil $\phi_{Öl}$ iterativ während der Systemsimulation bestimmt. Durch die Bilanzierung stimmt der Wirkungsgrad der Simulation mit den Prüfstandswerten überein. Der Fehler infolge von unterschiedlichen Absolutverlusten wird reduziert.

2. $\phi_{Öl}$ = const.:
   Liegen zum Zeitpunkt der Systemsimulation keine Daten vom Schlepp- und/oder Elektromotorprüfstand vor, kann die Vorgabe des Öl-Anteils im Spalt basierend auf Erfahrungswerten erfolgen. Dieses Vorgehen ist zur Vorausberechnung notwendig und liefert realistische Bauteiltemperaturen, wenn die verwendeten Submodelle und die elektromagnetische Auslegung geringe Abweichungen gegenüber der Realität aufweisen.

Bei beiden Varianten sind auch Öl-Verteilungen verwendbar, welche in Richtung der Rotationsachse der PSM unterschiedliche Öl-Füllstände aufweisen. Im Weiteren wird Variante 1 mit einem gleichmäßigen Öl-Anteil im gesamtem Spalt verwendet. Zum einen liegt der Fokus auf der Methodik zur Modellierung des Gesamtsystems und zum anderen liegen die Messungen vom Prüfstand zum Zeitpunkt der Systemsimulation bereits vor.

Fluid-Modell

Das Fluid-Modell zur Berechnung der Mehrphasenströmung im Innenraum erfordert eine transiente Simulation. Demzufolge erfolgt die Berechnung der beiden Submodelle separat. Bei der Kopplung werden die Informationen an den Kontaktflächen sowie Schnittstellen der Öl-Pfade ausgetauscht. Die Öl-Eingangstemperatur T_{Ein} des Innenraums ist eine Ausgangsgröße der analytischen Berechnung des Wärmeübergangs in der Rotorwelle. Dazu wird der gesamte Wärmeeintrag ins Öl vom Einlass bis zur Schnittstelle zum Fluid-Modell des Innenraums berücksichtigt und eine gleichmäßige Erwärmung des Öls angenommen. Ebenfalls findet an den Kontaktflächen zur Struktur ein Datenaustausch statt. An das Fluid wird die Oberflächentemperatur übergeben. Zur

Strukturberechnung wird wiederum eine Referenztemperatur und ein Wärmeübergangskoeffizient aus dem Fluid-Modell verwendet, um den hinterlegten
konvektiven Wärmeübergang zu parametrieren. Die Strömung kann als periodisch mit der Drehfrequenz oszillierend angenommen werden. Da die Zeitskala der Wärmeleitung viel größer als eine Periode ist, wird an die Strukturberechnung ein Mittelwert über eine Umdrehung übergeben. Die Konvergenz
der gekoppelten Berechnung kann erst erreicht werden, wenn die eingeprägten
mit den abgeführten Wärmemengen übereinstimmen.

Bilanzierung

Der letzte Baustein des Systems ist die bereits erwähnte Bilanzierung der Verluste. Auf dem Elektromotorprüfstand werden neben den Temperaturen auch
die elektrische Eingangs- sowie mechanische Ausgangsleistung bestimmt. Die
resultierenden Gesamtverluste können mechanischen und elektromagnetischen
Verlusten zugeordnet werden. Letztere sind ein Ergebnis der elektromagnetischen Berechnung des Elektromotors. Die mechanischen Verluste sind in den
Schleppmomenten der Komponenten (z. B. Lager) und der Fluid-Reibung zu
finden. Aufgrund der Abhängigkeit von der Temperatur und der Öl-Verteilung
müssen diese während der Laufzeit ermittelt werden. Die Lagerreibung wird
direkt im Solid-Modell unter Berücksichtigung der mittleren Lagertempera-
tur abgeschätzt. Die Fluid-Reibung aus der CFD-Simulation wird ebenfalls
über eine Umdrehung des Rotors gemittelt. In Gl. 6.1 ist die hinterlegte Bilanzierung der Verluste zur Bestimmung des Schleppmoments aufgrund von
Reibung im Spalt dargestellt.

$$M_{\mathrm{Sp}} = M_{\mathrm{Pr}} - M_{\mathrm{Lager}} - \overline{M}_{\mathrm{f}} \qquad\qquad \text{Gl. 6.1}$$

mit

M_{Sp}	Schleppmoment im Spalt	/ N m
M_{Pr}	Schleppmoment am Prüfstand	/ N m
M_{Lager}	Schleppmoment (z. B. Lager)	/ N m
$\overline{M}_{\mathrm{f}}$	Fluid-Reibung ohne Spalt	/ N m

Die dargestellte Bilanzierung bezieht sich auf die Ermittlung des Öl-Anteils
im Spalt und dient zum Erhalt der Gesamtverluste im System Elektromotor.

Aufgrund der Aufsplittung in Submodelle mit unterschiedlichen Zeitskalen ist dieser Ansatz je nach Anforderung flexibel im Entwicklungsprozess einsetzbar. Der Einfluss der Submodelle kann bewertet und gegebenenfalls durch angepasste Modelle ausgetauscht werden.

6.2 Elektromotorprüfstand

Die Temperaturmessungen an der PSM finden an einem Akustikprüfstand für elektrische Maschinen statt. Für die thermischen Experimente wird die gekapselte Lastmaschine zusätzlich über eine Isolationsplatte am Prüfstandsflansch und eine Welle aus Faserverbundwerkstoff vom Prüfling entkoppelt. Zur Abschirmung von der Umgebung werden weitere Isolationsmaßnahmen ergriffen. Die Stromversorgung der Leistungselektronik erfolgt am Prüfstand über einen Batteriesimulator, um das Verhalten im Fahrzeug abbilden zu können.

6.2.1 Messtechnik und Fehleranalyse

In der PSM gibt es mehrere Messebenen. Ebene 1 liegt im betrachteten Wickelkopf und Ebene 2 in der Mitte der Blechpakete (siehe Abb. 6.2). Im Experiment existiert eine weitere Ebene im Wickelkopf der Seite mit den HV-Anschlüssen, welche in der Simulation nicht betrachtet wird. Diese Messstellen dienen ausschließlich der Absicherung der zuvor erwähnten gleichmäßigen Temperaturverteilung. In den stehenden Komponenten sind über den Umfang jeweils vier Messstellen in der Struktur integriert. Im Rotor ist die Integration der Thermoelemente aufgrund der hohen mechanischen Beanspruchung schwieriger. Zusätzlich ist die Anzahl der Messstellen durch die Datenübertragung limitiert. Die einzelnen Messstellen sind mit den Thermoelementen vom Typ K bestückt. Nach [27] weisen diese im relevanten Temperaturbereich eine maximale Grenzabweichung von $\pm 1.5\,\mathrm{K}$ auf.

Unsicherheiten bei der Positionierung und der thermischen Anbindung der Thermoelemente wirken sich zusätzlich auf die Vergleichbarkeit der Simulation mit dem Experiment aus.

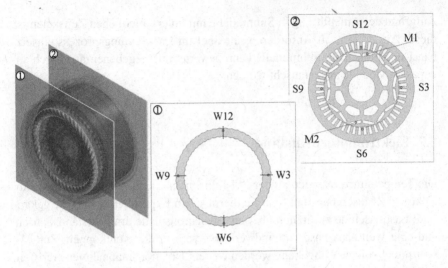

Abbildung 6.2: Messstellen im Elektromotor

In den Blechpaketen sind die Messstellen über Löcher in selbigen definiert. Die Position der Messstellen kann sich in Achsrichtung geringfügig von der Positionierung in der CAD-Konstruktion unterscheiden. Der Übertrag in das Simulationsmodell erfolgt anhand der CAD-Daten.

Die Thermoelemente in der manuell gefertigten Einzugswicklung werden in die einzelnen Stränge eingelegt, bevor der Wickelkopf kompaktiert und mit Epoxid-Harz vergossen wird. Unter der Annahme einer genauen Positionierung in Umfangsrichtung können die Thermoelemente auf den in Ebene 1 dargestellten Linien liegen und somit von der CAD-Positionierung abweichen. Um diesem Umstand Rechnung zu tragen, werden die Messungen mit Hilfe der 3D-Temperaturverteilung in der Simulation mit einem Fehlerbalken beaufschlagt. Dieser berechnet sich aus dem Temperaturgradienten und der Positionsungenauigkeit der Thermoelemente. Da die Positionierung für alle Untersuchungen konstant bleibt, ist diese Temperaturabweichung durch eine relativ zum Fehlerbalken konstante Temperaturdifferenz zwischen Simulation und Messung sichtbar.

Grundlage für die Bilanzierung in Abschnitt 6.1 ist die Bestimmung der mechanischen Ausgangsleistung. Die Leistung wird mittels Drehmomentmessnabe und der Winkelgeschwindigkeit des Elektromotors bestimmt [71].

$$P_{mech} = M_{mech}\,\omega \qquad\qquad \text{Gl. 6.2}$$

mit

P_{mech}	mechanische Leistung	/ W
M_{mech}	Moment	/ N m
ω	Winkelgeschwindigkeit	/ rad s^{-1}

Demzufolge hat die Messungenauigkeit der Drehmomentmessnabe einen direkten Einfluss auf die errechneten, freigesetzten Wärmemengen. Die verbaute Messnabe hat eine Grenzabweichung von bis zu ± 0.3 N m. Bei einer Drehzahl von 10000 min^{-1} liegt der daraus resultierende Fehler in der Verlustbilanzierung bei circa ± 300 W. Mit der zuvor definierten Vorgehensweise der Bilanzierung werden diese Verluste über den Öl-Anteil den Schleppverlusten im Spalt zugeordnet. Untersuchungen mittels vereinfachter Modelle zeigen, dass die Auswirkungen primär in den Temperaturen des Rotorblechpakets und der Magnete zu sehen sind. Für alle Betriebspunkte werden die Temperaturdifferenzen zur Ermittlung der Fehlerbalken auf Basis des thermischen Modells aus Kapitel 4 und des Spalt-Modells aus Kapitel 5 bestimmt.

Dieses erweiterte Modell kann ebenfalls zur schnellen Lokalisierung und Quantifizierung von weiteren Einflüssen (z. B. Kapselung der PSM) verwendet werden. Aufgrund der geringen Rechenzeiten können in kürzester Zeit Aussagen im Entwicklungsprozess getroffen und somit unter anderem der Einfluss unterschiedlicher Einbaupositionen am Prüfstand und im Fahrzeug abgeschätzt werden. Die 3D-Visualisierung schafft zugleich Verständnis und Akzeptanz für die aufgezeigten Effekte.

6.2.2 Wahl der Bewertungsmatrix

Das Modell zur Analyse des Elektromotors besteht aus der Modellierung der Struktur mit Wärmequellen sowie -transportmechanismen und der Wärmeabfuhr in die Kühlmedien. Die in Abbildung 6.3 dargestellten Betriebspunkte ermöglichen die systematische Bewertung der Einzelbestandteile der entwickelten Methodik.

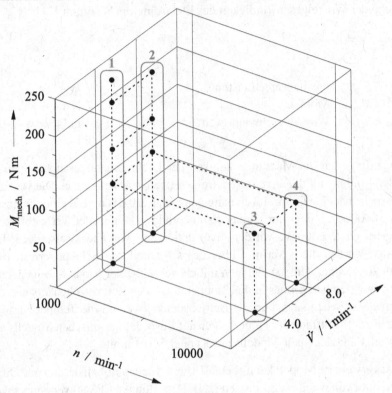

Abbildung 6.3: Messstrategie: Untergliederung in vier Studien mit jeweils $n = $ konst. und $\dot{V} = $ konst.

Zur Bewertung der Kühlwirkung des nasslaufenden Kühlkonzepts findet eine Drehzahl- und Volumenstromvariation statt. Die Wahl der zwei Drehzahlen deckt den unteren ($1000\,\mathrm{min}^{-1}$) sowie oberen ($10000\,\mathrm{min}^{-1}$) Einsatzbereich der PSM ab. Die Volumenströme bezogen auf den gesamten Elektromotor ergeben sich aus dem maximalen Volumenstrom ($8\,\mathrm{l\,min}^{-1}$), der mit dem Systemdruck von $5\,\mathrm{bar}$ realisierbar ist, und einer Halbierung dieses Volumenstroms.

Zur Analyse der zur Verfügung gestellten Verlustleistungen und der Modellierung des Wärmetransports findet zusätzlich eine Variation des Drehmoments bei gleicher Drehzahl und Volumenstrom statt. Dadurch ändert sich das Temperaturniveau des Elektromotors bei ansonsten gleichbleibenden Randbedingungen des Kühlsystems.

6.3 Validierung

Abbildung 6.4 zeigt exemplarisch die Temperaturverteilung in den Messebenen für den Betriebspunkt mit maximalem Drehmoment aus Studie 1. Die Temperaturen im oberen Teil des Wickelkopfes in Messebene ① sind etwas höher ($< 10\,\mathrm{K}$) als auf der Unterseite, da das Öl aufgrund der Schwerkraft auf der Oberseite nur teilweise auf die Rückseite des Wickelkopfs gelangt. In den Blechpaketen und den Magneten stellt sich dagegen eine rotationssymmetrische Temperaturverteilung ein (Ebene ②).

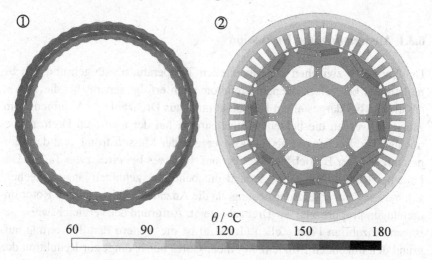

Abbildung 6.4: Temperaturverteilung in den Messebenen ① und ② in der Simulation

Neben den geringen Temperaturunterschieden in den Messstellen sind die Ausfallquote der Thermoelemente am Prüfstand sowie eine verbesserte Übersichtlichkeit bei der Darstellung die Gründe, weshalb die Validierung der Methodik mit den Mittelwerten in Umfangsrichtung erfolgt. In Gl. 6.3 ist die Mittelwertbildung anhand der Messstellen im Statorblechpaket dargestellt.

$$\theta_S = \frac{1}{4} \left(\theta_{S3} + \theta_{S6} + \theta_{S9} + \theta_{S12} \right) \qquad\qquad \text{Gl. 6.3}$$

mit

θ_S gemittelte Temperatur im SBP   / °C
θ_{Si} Temperatur an Messestelle i im SBP   / °C

Die Bestimmung der Temperatur der Magnete θ_M und des Wickelkopfes θ_W erfolgt analog zu θ_S. Die Fehlerbalken ergeben sich ebenfalls aus der Mittelung der Temperaturabweichung mit den in Abschnitt 6.2.1 dargestellten Abschätzungen.

6.3.1 Auswertung und Diskussion

Der Vergleich zwischen experimentellen Temperaturmessungen und den Simulationen bei verschiedenen Drehmomenten erfolgt separat für die vier in Abbildung 6.3 dargestellten Kombinationen aus Drehzahl und Volumenstrom. Zunächst werden die beiden Volumenströme bei der niedrigen Drehzahl betrachtet. Die Rechenzeit bis zur Konvergenz der Massenströme und der Temperaturen dieser Betriebspunkte liegt auf 40 Cores bei circa zwei Tagen. Die Fälle bei $10000\,\text{min}^{-1}$ haben dementsprechend eine zehnfach längere Rechenzeit bis zur Konvergenz der Lösung, da die Anzahl der notwendigen Rotorumdrehungen proportional zur Drehzahl steigt. Aufgrund der vergleichsweise geringen Anzahl an Fluid-Zellen (1.4 Mio) ist die weitere Parallelisierung aufgrund der sinkenden Effizienz mit mehr Cores nur bedingt zur Reduktion der Rechenzeit geeignet. In Abbildung 6.5 ist ein typischer Temperaturverlauf aus der Simulation über die Anzahl der Umdrehungen des Rotors dargestellt. Die analytischen Randbedingungen des stationären Solid-Modells führen im Vergleich zum Experiment zu einer schnellen Erwärmung der Struktur auf eine

Temperatur in der Nähe des Niveaus nach der Konvergenz der Simulation. Im Anschluss konvergiert die Temperatur langsam mit dem Ansteigen des Füllstands im Elektromotor. Zu Beginn der Simulation findet eine künstliche Stabilisierung statt, indem pro Kopplungsschritt eine maximale Änderung von 10 K zugelassen wird.

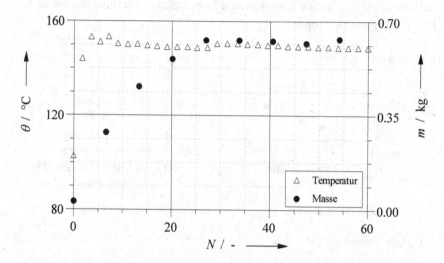

Abbildung 6.5: Verlauf von Masse und Temperatur über den Umdrehungen

Bis zum Erreichen eines konstanten Füllstandes des Elektromotors mit Öl sind deutlich mehr Umdrehungen notwendig. Demzufolge bestimmt der Verlauf des Massenstroms das Abbruchkriterium der Simulation. Nachdem sich der finale Füllstand eingestellt hat, wird nochmals die gleiche Zeitspanne gerechnet. Mit diesem Vorgehen soll sichergestellt werden, dass etwaige Änderungen der Strömungsführung und somit der Kühlwirkung durch sich ändernde Wandtemperaturen berücksichtigt werden.

Studie 1: 1000 min⁻¹ | 4 l min⁻¹

In Abbildung 6.6 findet ein Vergleich zwischen den gemessenen und den berechneten Temperaturen aus Studie 1 statt. Die experimentellen Daten werden transient mit einer Zeitschrittweite von 0.5 s aufgezeichnet, wobei das aufgezeichnete Messsignal ein Rauschen von ±2 K aufweist. Daher sind die in den Diagrammen dargestellten Werte allesamt über die letzten 60 Sekunden gemittelt. Die Fehlerbalken werden nach dem Vorgehen in Abschnitt 6.2.1 ermittelt und in Bezug zu den experimentellen Messpunkten angegeben. Aus dem Simulationsmodell werden die konvergierten Temperaturen am Ende der Rechnung für den Abgleich herangezogen.

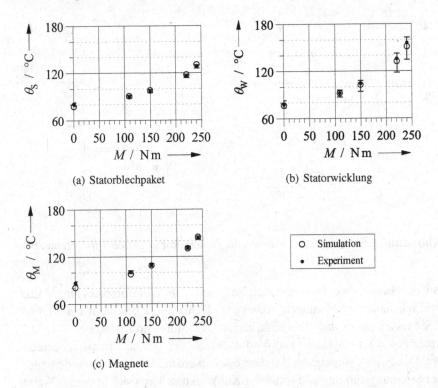

(a) Statorblechpaket

(b) Statorwicklung

(c) Magnete

Abbildung 6.6: Komponententemperaturen in den Betriebspunkten mit 1000 min^{-1} und 4 l min^{-1}

Die Auswahl der Drehmomente soll eine große Bandbreite abdecken und den Quervergleich zwischen den Drehzahl- und Volumenstromvariationen zulassen. Für Studie 1 liegt das höchste gestellte Drehmoment bei 241 Nm. Die

Fehlerbalken der Temperaturen des Statorblechpakets und der Magnete fallen mit $\pm 2\,\mathrm{K}$ gering aus, da die Abweichungen bei der Drehmomentmessung bei niedrigen Drehzahlen einen kleinen Einfluss auf die Bestimmung der Gesamtverluste haben. Wie bereits beschrieben ist die Positionierung der Thermoelemente für diese beiden Komponenten nahezu exakt möglich und hat somit einen geringen Einfluss.

Durch die Beziehung zwischen Stromstärke und Drehmoment resultiert der Anstieg der Stromwärmeverluste in der Wicklung mit steigendem Drehmoment. Somit wird der Wickelkopf stärker erwärmt und die Temperaturspreizung im Positionsspektrum des Thermoelements nimmt zu. Die Folge ist ein belastungsabhängiger Anstieg möglicher Temperaturabweichungen im Bereich der Wicklung. Abbildung 6.4 zeigt die Temperaturverteilung für den Betriebspunkt mit einem gestellten Drehmoment von 241 N m. Die Temperaturen sind im Kern des Wickelkopfes maximal und fallen insbesondere in Richtung der Innenseite - dem Strahlauftreffbereich - ab.

Die Ergebnisse der Simulation liegen für alle untersuchten Messpunkte innerhalb der ermittelten Toleranzen. Da die Temperaturen sogar nahe an den experimentellen Werten liegen, sind auch die Gradienten zwischen den gestellten Drehmomenten vergleichbar.

Studie 2: 1000 min^{-1} | 8 l min^{-1}

Für Studie 2 wird bei ansonsten gleichen Randbedingungen der Öl-Volumenstrom auf 8 l min^{-1} erhöht. Die größere Menge an Öl führt speziell im Bereich höherer Drehmomente zur geringfügigen Reduktion der Temperaturen im Vergleich zu den Betriebspunkten mit 4 l min^{-1}. Das Verhalten der Fehlerbalken ist erwartungsgemäß wie in Studie 1.

Der Vergleich der Temperaturen in Abbildung 6.7 zeigt weiterhin eine sehr gute Übereinstimmung der Resultate für den Wickelkopf und das Statorblechpaket. Obwohl auch die Temperaturen in den Magneten eine gute Vergleichbarkeit aufweisen, wird das Temperaturdelta aufgrund der Volumenstromerhöhung für die Betriebspunkte mit 220 N m minimal unterschätzt (vgl. Abb. 6.6).

Die Ursache könnte im Bereich der Spalt-Modellierung und der freigesetzten
Wärmemengen liegen.

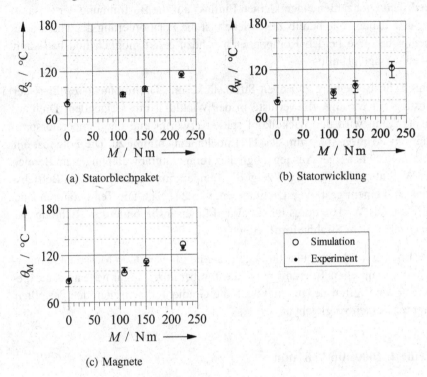

(a) Statorblechpaket

(b) Statorwicklung

(c) Magnete

Abbildung 6.7: Komponententemperaturen in den Betriebspunkten mit
$1000\,\mathrm{min}^{-1}$ und $81\,\mathrm{min}^{-1}$

Nichtsdestotrotz liegen alle Temperaturen im bzw. nahe am Toleranzbereich.
Somit ist der hybride Ansatz aus LMP und VOF zur Modellierung der Mehrphasenströmung auch für den doppelten Volumenstrom geeignet.

Studie 3: $10000\,\mathrm{min}^{-1}$ | $41\,\mathrm{min}^{-1}$

Nach dem Abgleich der Betriebspunkte mit $1000\,\mathrm{min}^{-1}$ folgt die Erhöhung der
Drehzahl auf $10000\,\mathrm{min}^{-1}$. Dadurch nimmt unter anderem die thermische Be-

lastung aufgrund der steigenden Ummagnetisierungsverluste zu, wodurch das Drehmoment des Elektromotors bereits bei 106 Nm begrenzt wird. Somit sind in Abbildung 6.8 nur zwei der vorigen Drehmomente dargestellt.

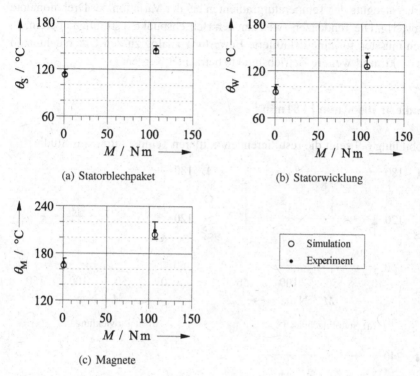

(a) Statorblechpaket

(b) Statorwicklung

(c) Magnete

Abbildung 6.8: Komponententemperaturen in den Betriebspunkten mit $10000\,\mathrm{min}^{-1}$ und $41\,\mathrm{min}^{-1}$

Aufgrund der erhöhten Drehzahl ist die Toleranz der Drehmomentmessnabe bei der Bestimmung der Gesamtverluste deutlich größer (siehe Abschn. 6.2.1). Dies führt im Bereich der Magnete zu einer Abweichung von bis zu $\pm 11\,\mathrm{K}$. Im Bereich der Wicklung bleibt die Abhängigkeit vom Drehmoment und dem Anstieg der Temperaturen im Wickelkopf ähnlich.

In Abbildung 6.8 sind die Resultate der Simulation und die experimentellen Ergebnisse dargestellt. Auf den ersten Blick ist die generelle Zunahme der Toleranzbereiche in allen Messpositionen sichtbar. Des Weiteren nimmt die absolute Temperaturabweichung zu, wobei die Toleranzen nicht überschritten werden. Da nur zwei Messpunkte zur Verfügung stehen, ist eine Aussage über die Vorhersagegüte der Temperaturgradienten bei der Variation der Drehmomente schwierig. Die Tendenzen zwischen den Betriebspunkten stimmen überein, jedoch müssten für eine detaillierte Bewertung analog zu den Untersuchungen bei 1000 min⁻¹ weitere Betriebspunkte betrachtet werden.

Studie 4: 10000 min⁻¹ | 8 l min⁻¹

Abbildung 6.9 zeigt die resultierenden mittleren Temperaturen aus Studie 4.

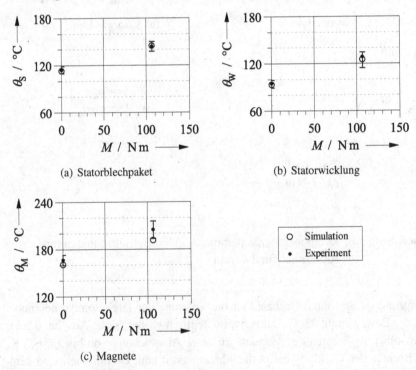

(a) Statorblechpaket

(b) Statorwicklung

(c) Magnete

Abbildung 6.9: Komponententemperaturen in den Betriebspunkten mit 10000 min⁻¹ und 8 l min⁻¹

Bei diesen Untersuchungen findet abermals eine Verdoppelung des Öl-Volumenstroms von $4\,l\,min^{-1}$ auf $8\,l\,min^{-1}$ bei $10000\,min^{-1}$ statt. Das höchste Drehmoment liegt ebenfalls bei circa $100\,N\,m$, wodurch die freigesetzten Verluste ähnlich wie in den beiden Betriebspunkten von Studie 3 sind. Die Volumenstromerhöhung führt wie bereits bei der geringeren Drehzahl zum Absinken der Temperaturen. Wie aus den vorangegangen Studien in Kapitel 4 zu erwarten, ist die größte Absenkung in den Temperaturen des Wickelkopfs zu beobachten. Einzig die Magnettemperatur für das maximale Drehmoment liegt geringfügig außerhalb des Toleranzbereichs. Eine detaillierte Analyse der Ursachen ist erst möglich, sobald mehr Messdaten für weitere Drehmomente vorliegen. Nichtsdestotrotz besteht wie bei allen vorangegangen Betriebszuständen eine gute Übereinstimmung der gemessenen und berechneten Temperaturen.

Die entwickelte Methodik ist zur Bewertung der Temperaturen von Dauerbetriebspunkten mit den Drehzahlen von $1000\,min^{-1}$ sowie $10000\,min^{-1}$ und den Öl-Volumenströmen von $4\,l\,min^{-1}$ sowie $8\,l\,min^{-1}$ geeignet. Ebenfalls sind die Temperaturgradienten zwischen den gestellten Drehmomenten für die niedrigen Drehzahlen vorhersagbar. Für die untersuchten Punkte bei $10000\,min^{-1}$ stimmen zwar die Tendenzen der Gradienten überein, jedoch müssen für eine endgültige Bewertung weitere Betriebspunkte untersucht werden. Vorausgegangene Studien haben gezeigt, dass der separate Abgleich und die Kalibrierung der berechneten elektromagnetischen Verluste zwischen Simulation und Experiment zum Erreichen der gezeigten Vorhersagegüte erforderlich sind. Eine weitere Schwachstelle der Vorausberechnung der Komponententemperaturen ist die Bestimmung des Öl-Eindringverhaltens in den Spalt. Dieses Verhalten ist zur Parametrierung des Spalt-Modells erforderlich und wird in den gezeigten Studien durch die Bilanzierung mit den Prüfstandsdaten bestimmt. Daraus ergibt sich der Öl-Anteil, der zum Erreichen des ermittelten Schleppmoments notwendig ist. Bereits geringe Abweichungen in den vorausberechneten Absolutverlusten der Magnete und dem Öl-Anteil im Spalt führen zu großen Temperaturunterschieden in der Simulation, die unter Umständen zur Verfehlung der im Lastenheft definierten Zielwerte im Experiment führen.

7 Zusammenfassung und Ausblick

Gegenstand dieser Arbeit ist die Entwicklung eines Simulationsmodells einer nasslaufenden permanenterregten Synchronmaschine. Die Anforderungen an das entwickelte Modell bestehen in der Vorhersagegüte der auftretenden Bauteiltemperaturen in Dauerbetriebspunkten und in der Rechenzeit, die für den Einsatz im Entwicklungsprozess im Bereich weniger Tage liegen muss.

Die Herausforderung bei der numerischen Analyse liegt in der Berücksichtigung unterschiedlichster Längen- und Zeitskalen innerhalb eines Gesamtmodells. Die kleinsten Längenskalen der Struktur liegen in der Berücksichtigung der Einflüsse der Einzeldrähte der Einzugswicklung und der drehzahlabhängigen Spaltmaße an den Magneten. Auch im Fluid müssen durch die adäquate Berücksichtigung von Öl-Tröpfchen und dünnen Öl-Filmen auf rotierenden Bauteilen sowie der Betrachtung des Füllstands im Elektromotor eine Vielzahl von Längenskalen abgedeckt werden. Mit den Anforderungen an die räumliche Diskretisierung einhergehend sind die auftretenden Zeitskalen. Die größte abzubildende Zeitskala besteht in der Erwärmung der Struktur der elektrischen Maschine, die im Bereich mehrerer Minuten liegt. Gleichzeitig muss die Rotationsbewegung bei Drehzahlen mit bis zu $10000\,\text{min}^{-1}$ diskretisiert werden.

Durch die Identifizierung der Schlüsselfaktoren der Kühlungssimulation mit einem thermischen Modell der PSM erfolgt die Aufteilung in Submodelle, welche die auftretenden Herausforderungen berücksichtigen können und nach der Integration zu einem Gesamtmodell die Anforderungen erfüllen. Dazu basiert die Modellierung der Wärmesenken zunächst auf analytischen Gleichungen bzw. Daten aus vereinfachten Strömungssimulationen. Die Freisetzung der Wärme in der Struktur wird mit zur Verfügung gestellten Verlustverteilungen aus der elektromagnetischen Berechnung realisiert. Eine selbst entwickelte Methodik zur Definition der Drahtrichtung im Wickelkopf erlaubt die detaillierte Beschreibung der anisotropen Wärmeleitung im gesamten Wickelkopf bei gleichzeitig geringem Modellierungsaufwand. Des Weiteren wurde ein Ansatz implementiert, der die Bewertung des Einflusses von drehzahlabhängigen Spaltmaßen gestattet.

Mit Parameterstudien dieses Modells ergeben sich die Schlüsselfaktoren und somit die Bereiche, die für das digitale Abbild der PSM entscheidend sind. Im Bereich der Wärmequellen ist neben der genauen Abschätzung der Gesamtverluste besonders die Verlustverteilung innerhalb der Blechpakete für die Berechnung der Komponententemperaturen entscheidend. Die Temperaturabhängigkeit der Wärmeleitfähigkeit der Blechpakete sollte auch berücksichtigt werden. Zur Kühlung sind vor allem die Innenraumströmung für die Temperaturen im Wickelkopf sowie die Wärmeabfuhr über den Spalt zwischen Rotor und Stator für die Rotortemperaturen ausschlaggebend.

Der Fokus bei der Entwicklung der Submodelle liegt somit auf der Beschreibung der zweiphasigen Strömung im Innenraum und des Spalts. Zur Modellierung des Innenraums wird ein hybrider Ansatz verwendet. Die Berücksichtigung der rotierenden Öl-Strahlen erfolgt dabei mit dem Lagrangeschen Ansatz, dessen Randbedingungen über Detailsimulationen ermittelt werden. Zur Validierung der berechneten Strahlformen wurde ein Prüfstand nebst modularem Prüfling entwickelt. Mit Hilfe der optischen Zugänge im Prüfling ist eine qualitative Übereinstimmung der Strahlformen erkennbar. Der zweite Teil des gewählten Ansatzes besteht in der Modellierung der Fluidstrukturen mit größeren Längenskalen basierend auf dem Volume of Fluid Ansatz. Zur Integration des Spalts zwischen Rotor und Stator im Gesamtmodell wird ein Spalt-Modell entwickelt, das mittels Interpolation tabellierter Daten die Wärmeübergänge sowie das Schleppmoment innerhalb des Spalts in Abhängigkeit der Temperaturen, der Drehzahl und des Öl-Anteils bestimmt. Dazu wurden die im Betriebsbereich auftretenden vielfältigen Strömungs- und Transportphänomene durch einen geeigneten LES-Ansatz modelliert und simuliert.

Die Integration der Submodelle zum Gesamtsystem erfolgt über die Kopplung einer transienten Berechnung der Mehrphasenströmung des Innenraums und eines stationären Solid-Modells, welches die Wärmefreisetzung durch die elektromagnetischen und mechanischen Verlustmechanismen beinhaltet. Ebenfalls wird das Spalt-Modell direkt mit der Struktur gekoppelt, wobei der Öl-Anteil im Spalt über eine Bilanzmethode ermittelt wird. Die Kühlflächen mit untergeordnetem Einfluss werden weiterhin über analytische Bedingungen berücksichtigt. Das Gesamtmodell zeichnet sich durch eine akzeptable Rechenzeit von zwei Tagen für Betriebszustände mit einer Drehzahl von $1000\,min^{-1}$ aus.

Zur Bewertung der Vorhersagegüte wird das Gesamtmodell mit Experimenten abgeglichen. Um sowohl den Einfluss der Modellierung der Wärmequellen und des Wärmetransports als auch der Kühlwirkungen abzudecken, werden über die Variation von Drehzahl, Öl-Volumenstrom und Drehmoment verschiedene Betriebszustände untersucht. Für die analysierten Dauerbetriebspunkte liegen die Komponententemperaturen der Simulation im Bereich der Messtoleranzen. Die Ermittlung der Toleranzen basiert auf der Unschärfe der Drehmomentmessungen und der Positionierung der Thermoelemente. Der entwickelte hybride Ansatz ist zur thermischen Modellierung einer nasslaufenden permanenterregten Synchronmaschine geeignet. Somit besteht die Möglichkeit zur Berechnung der dreidimensionalen Temperaturverteilung im Elektromotor, die zum einen für die Auslegung von Kühlkonzepten und zum anderen für die Kalibrierung von thermischen Netzwerken notwendig ist.

Die bisherige Validierung der Düsenströmung und der Bauteiltemperaturen in Dauerbetriebspunkten schließt eine Fehlerkompensation verschiedener Submodelle nicht aus. Daher sind zur Absicherung der Mehrphasenströmung und Kühlwirkung in nasslaufenden Elektromotoren weitere Untersuchungen am optisch zugänglichen und beheizbaren Elektromotor durchzuführen. Weitergehende Analysen sind im Bereich der Öl-Strahl-Interaktion mit der rotierenden Wuchtscheibe, des Abrisses des Öl-Films am Rand der Scheibe sowie des Spalts zwischen Rotor und Stator notwendig. Für diese Untersuchungen erfolgt die schrittweise Erweiterung des modularen Prüflings bis zur Abbildung des gesamten Elektromotors mit realitätsnahen Randbedingungen.

Insbesondere der Spalt zwischen Rotor und Stator steht aufgrund des Einflusses auf die Rotortemperaturen im Fokus der weiteren Validierung und Modellentwicklung. Über die Vorausberechnung des Öl-Eindringverhaltens sowie des Füllgrades gepaart mit einem detaillierten Verständnis für die Mechanismen der Mehrphasenströmung in selbigem wird die Abhängigkeit von Prüfstandsdaten minimiert und die Prädiktionsfähigkeit des Gesamtmodells gesteigert.

Des Weiteren muss eine engere Kopplung zwischen der thermischen Berechnung und den anderen Teildisziplinen (z. B. Elektromagnetik und Mechanik) erfolgen. Für erste Abschätzungen des Einflusses der Kopplung und zur Bewertung von Maßnahmen in der Konzeptphase eignet sich das zur Bestimmung der Schlüsselfaktoren entwickelte Modell.

Literaturverzeichnis

[1] C. D. Andereck, S. S. Liu und H. L. Swinney: *Flow regimes in a circular Couette system with independently rotating cylinders*. Vol. 164, S. 155–183, 1986.

[2] A. Aoune und C. Ramshaw: *Process intensification: heat and mass transfer characteristics of liquid films on rotating discs*. International Journal of Heat and Mass Transfer, Vol. 42, S. 2543–2556, 1999.

[3] S. Ayat, R. Wrobel, J. Goss und D. Drury: *Estimation of Equivalent Thermal Conductivity for Impregnated Electrical Windings Formed from Profiled Rectangular Conductors*. In: 8th IET International Conference on Power Electronics, Machines and Drives, 2016, S. 1–6.

[4] S. Basu, A. Kumar Agarwal, A. Mukhopadhyay und C. Patel: *Droplets and Sprays – Applications for Combustion and Propulsion*. Springer, Berlin, Heidelberg, 1. Auflage, 2017.

[5] C. Beck, H. Echtle, S. Kubera, J. Schorr, C. Krüger und M. Bargende: *Modeling and Analysis of Multiphase Flow in Direct-Cooled Electric Motors*. In: E-MOTIVE 11th Expert Forum Electric Vehicle Drives, 2019.

[6] C. Beck, D. Keller, H. Echtle, S. Haug, C. Krüger und M. Bargende: *Sensitivitätsanalyse der Wärmequellen- sowie Wärmetransportmodellierung in permanenterregten Synchronmaschinen*. e & i Elektrotechnik und Informationstechnik, Vol. 136, Nr. 2, S. 195–201, 2019.

[7] C. Beck, J. Schorr, H. Echtle, J. Verhagen, A. Jooss, C. Krüger und M. Bargende: *Numerical and experimental investigation on phenomena in rotating step-holes for direct-spray-cooled electric motors*. International Journal of Engine Research, 2020.

[8] M. Becker: *Heat Transfer - A Modern Approach*. Plenum Press, New York London, 1986.

[9] K. Bender: *Embedded Systems - qualitätsorientierte Entwicklung.* Springer-Verlag, Berlin Heidelberg New York, 2005.

[10] K. Bennion und J. Cousineau: *Sensitivity analysis of traction drive motor cooling.* In: IEEE Transportation Electrification Conference and Expo (ITEC), 2012, S. 1–6.

[11] A. Bergqvist, A. Andreasson und H. Karlsson: *Virtual Methods for Electric Powertrain Cooling.* 27th Aachen Colloquium Automobile and Engine Technology, S. 431–444, 2018.

[12] G. Bertotti: *Hysteresis in Magnetism: For Physicists, Materials Scientists and Engineers.* Gulf Professional Publishing, Orlando, 1998.

[13] A. Binder: *Elektrische Maschinen und Antriebe - Grundlagen, Betriebsverhalten.* Springer-Verlag, Berlin Heidelberg New York, 2. Auflage, 2017.

[14] BMW GROUP: *BMW Group hat Mobilität der Zukunft klar im Fokus.* www.press.bmwgroup.com/deutschland/article/detail/T0286690DE/ bmw-group-hat-mobilitaet-der-zukunft-klar-im-fokus, 2018. [Zugriff am 09.09.2019].

[15] A. Boglietti, A. Cavagnino, D. Staton, M. Shanel, M. Mueller und C. Mejuto: *Evolution and Modern Approaches for Thermal Analysis of Electrical Machines.* IEEE Transactions on Industrial Electronics, Vol. 56, Nr. 3, S. 871–882, 2009.

[16] E. Bolte: *Elektrische Maschinen - Grundlagen · Magnetfelder · Erwärmung · Funktionsprinzipien · Betriebsarten · Einsatz · Entwurf · Wirtschaftlichkeit.* Springer-Verlag, Berlin Heidelberg New York, 2. Auflage, 2018.

[17] A. Carriero, M. Locatelli, K. Ramakrishnan, G. Mastinu und G. Massimiliano: *A Review of the State of the Art of Electric Traction Motors Cooling Techniques.* In: WCX World Congress Experience, SAE International, 2018.

[18] C. A. Cezário und A. A. M. Oliveira: *CFD electric motor external fan system validation*. In: 18th International Conference on Electrical Machines, 2008, S. 1–6.

[19] J. E. Cousineau, K. Bennion, V. Chieduko, R. Lall und A. Gilbert: *Experimental Characterization and Modeling of Thermal Contact Resistance of Electric Machine Stator-to-Cooling Jacket Interface Under Interference Fit Loading*. Journal of Thermal Science and Engineering Applications, Vol. 10, Nr. 4, S. 1–7, 2018.

[20] N. Czerwonatis, R. Eggers und M. Hobbie: *Strahlzerfall und Tropfenwiderstand in Druckräumen*. Chemie Ingenieur Technik, Vol. 72, Nr. 11, S. 1371–1375, 2000.

[21] G. Dajaku: *Electromagnetic and Thermal Modeling of Highly Utilized PM Machines*. Dissertation, Universität der Bundeswehr, München, 2006.

[22] T. Davin, J. Pellé, S. Harmand und R. Yu: *Experimental study of oil cooling systems for electric motors*. Applied Thermal Engineering, Vol. 75, S. 1–13, 2015.

[23] DIN EN 60034-1:2010: *Drehende elektrische Maschinen – Teil 1: Bemessung und Betriebsverhalten (IEC 60034-1:2010, modifiziert)*.

[24] DIN EN 60034-6:1993: *Drehende elektrische Maschinen – Teil 6: Einteilung der Kühlverfahren (IEC 34-6:1991)*.

[25] DIN EN 60085:2008: *Elektrische Isolierung – Thermische Bewertung und Bezeichnung (IEC 60085:2007)*.

[26] DIN EN 60349-2:2010: *Elektrische Zugförderung – Drehende elektrische Maschinen für Bahn- und Straßenfahrzeuge – Teil 2: Umrichtergespeiste Wechselstrommotoren (IEC 60349-2:2010)*.

[27] DIN EN 60584-1:2014-07: *Thermoelemente – Teil 1: Thermospannungen und Grenzabweichungen (IEC 60584-1:2013)*.

[28] P. A. Durbin und B. A. Pettersson Reif: *Statistical Theory and Modeling for Turbulent Flows*. Wiley, New York, 2. Auflage, 2011.

[29] C. A. Dutra Fraga Filho: *Smoothed Particle Hydrodynamics*. Springer International Publishing, Cham, 2019.

[30] T. Engelhardt: *Derating-Strategien für elektrisch angetriebene Sportwagen*. Dissertation, Universität Stuttgart, 2016.

[31] A. Farschtschi: *Elektromaschinen in Theorie und Praxis - Aufbau, Wirkungsweisen, Anwendungen, Auswahl- und Auslegungskriterien*. VDE Verlag GmbH, Berlin, Offenbach, 3. überarb. Auflage, 2016.

[32] J. H. Ferziger und M. Perić: *Numerische Strömungsmechanik*. Springer-Verlag, Berlin Heidelberg, 2008.

[33] T. Finken: *Fahrzyklusgerechte Auslegung von permanenterregten Synchronmaschinen für Hybrid- und Elektrofahrzeuge*. Dissertation, RWTH Aachen, 2011.

[34] M. Ganchev, B. Kubicek und H. Kappeler: *Rotor temperature monitoring system*. In: The XIX International Conference on Electrical Machines, 2010.

[35] P. Gerlinger: *Numerische Verbrennungssimulation*. Springer, Berlin Heidelberg, 2005.

[36] D. Ghiasy, K. V. K. Boodhoo und M. T. Tham: *Thermographic analysis of thin liquid films on a rotating disc: Approach and challenges*. Applied Thermal Engineering, Vol. 44, S. 39–49, 2012.

[37] M. B. Giles: *Stability Analysis of Numerical Interface Conditions in Fluid-Structure Thermal Analysis*. International Journal for Numerical Methods in Fluids, Vol. 25, Nr. 4, S. 421–436, 1997.

[38] I. Göpfert, M. Schulz und D. Braun: *Automobillogistik – Stand und Zukunftstrends*. Springer Gabler, Wiesbaden, 3. Auflage, 2017.

[39] U. Grigull: *Die Grundgesetze der Wärmeübertragung*. Vol. 3, Springer-Verlag Berlin Heidelberg GmbH, 1963.

[40] R. Hagl: *Elektrische Antriebstechnik: Mit 22 Übungen und 86 Tabellen*. Fachbuchverl. Leipzig im Carl-Hanser-Verl., München, 2013.

[41] A. Hatzipanagiotou: *3D-CFD-Simulation der Gemischbildung, Verbrennung und Emissionsentstehung eines Hochdruck-Gas-Diesel-Brennverfahrens.* Dissertation, Karlsruher Institut für Technologie (KIT), 2018.

[42] H. Herwig: *Wärmeübertragung A-Z: Systematische und ausführliche Erläuterungen wichtiger Größen und Konzepte.* Springer-Verlag Berlin Heidelberg, 9. Auflage, 2000.

[43] C. W. Hirt und B. D. Nichols: *Volume of fluid (VOF) method for the dynamics of free boundaries.* Journal of Computational Physics, Vol. 39, S. 201–225, 1981.

[44] M. L. Hosain und R. B. Fdhila: *Air-Gap Heat Transfer in Rotating Electrical Machines: A Parametric Study.* Energy Procedia, Vol. 142, S. 4176–4181, 2017.

[45] A. Huber, T. Nguyen-Xuan, N. Brossardt, F. Eckstein und M. Pfitzner: *Thermische Simulation eines hochdetaillierten Wickelkopfmodells einer elektrischen Antriebsmaschine.* In: ANSYS Conference & 32. CADFEM Users' Meeting, 2014.

[46] M. Jaeger, A. Ruf, K. Hameyer und T. Grosse-von Tongeln: *Thermal Analysis of an Electrical Traction Motor with an Air Cooled Rotor.* In: IEEE Transportation Electrification Conference and Expo (ITEC), 2018, S. 467–470.

[47] B. A. Kader: *Temperature and concentration profiles in fully turbulent boundary layers.* International Journal of Heat and Mass Transfer, Vol. 24, Nr. 9, S. 1541–1544, 1981.

[48] S. Kapatral, O. Iqbal und P. Modi: *Numerical Modeling of Direct-Oil-Cooled Electric Motor for Effective Thermal Management.* In: WCX SAE World Congress Experience, SAE International, 2020.

[49] N. Karras: *Optimierung der Wärmeabfuhr eines Fahrzeug-Elektromotors und Auswirkungen auf den Gesamtkühlkreislauf.* Dissertation, Universität Stuttgart, 2016.

[50] P. K. Kundu, I. M. Cohen und D. R. Dowling: *Fluid Mechanics*. Academic Press, Amsterdam, Boston, 6. Auflage, 2016.

[51] A. Langheck, S. Reuter, O. Saburow, R. Maertens, F. Wittemann, L. F. Berg und M. Doppelbauer: *Evaluation of an Integral Injection Molded Housing for High Power Density Synchronous Machines with Concentrated Single-Tooth Winding*. In: 8th International Electric Drives Production Conference (EDPC), 2018.

[52] L. Li, H. K. Versteeg, G. K. Hargrave, T. Potter und C. Halse: *Numerical Investigation on Fluid Flow of Gear Lubrication*. SAE International Journal of Fuels and Lubricants, Vol. 1, Nr. 1, S. 1056–1062, 2008.

[53] S. T. Lundmark, A. Acquaviva und A. Bergqvist: *Coupled 3-D Thermal and Electromagnetic Modelling of a Liquid-cooled Transverse Flux Traction Motor*. In: XIII International Conference on Electrical Machines (ICEM), 2018, S. 2640–2646.

[54] L. Martinelli, M. Hole, D. Pesenti und M. Galbiati: *Thermal Optimisation of e-Drives Using Moving Particle Semi-implicit (MPS) Method*. www.enginsoftusa.com/pdfs/EnginSoft-Newsletter18-3.pdf, 2018. [Zugriff am 19.05.2019].

[55] G. Müller und B. Ponick: *Grundlagen elektrischer Maschinen*. WILEY-VCH Verlag GmbH & Co. KGaA, Weinheim, 9. Auflage, 2006.

[56] G. Müller, K. Vogt und B. Ponick: *Berechnung elektrische Maschinen*. WILEY-VCH Verlag GmbH & Co. KGaA, Weinheim, 6. Auflage, 2008.

[57] C.-D. Munz und T. Westermann: *Numerische Behandlung gewöhnlicher und partieller Differenzialgleichungen - Ein interaktives Lehrbuch für Ingenieure*. Springer, Berlin Heidelberg, 3. Auflage, 2012.

[58] S. Muzaferija und M. Perić: *Computation of free surface flows using interface-tracking and interface-capturing methods*. In: Nonlinear Water Wave Interaction, O. Mahrenholtz und M. Markiewicz (Hrsg.), WIT Press, Southampton, 1999, Kap. 2, S. 59–100.

[59] G. Nasif, R. M. Barron und R. Balachandar: *Simulation of jet impingement heat transfer onto a moving disc.* In: International Journal of Heat and Mass Transfer, Vol. 80, 2015, S. 539–550.

[60] S. Nategh: *Thermal Analysis and Management of High-Performance Electrical Machines.* Dissertation, Royal Institute of Technology (KTH), Stockholm, 2013.

[61] H. Naunheimer, B. Bertsche, J. Ryborz, W. Novak und P. Fietkau: *Fahrzeuggetriebe - Grundlagen, Auswahl, Auslegung und Konstruktion.* Springer-Verlag, Berlin Heidelberg, 3. Auflage, 2019.

[62] M. Neubauer und H. Neudorfer: *Permanentmagneterregte Generatoren und Motoren für den Einsatz in Traktionsantrieben.* e & i Elektrotechnik und Informationstechnik, Vol. 128, Nr. 3, S. 60–67, 2011.

[63] H. Neudorfer: *Weiterentwicklung von elektrischen Antriebssystemen für Elektro- und Hybridstraßenfahrzeuge.* Österreichischer Verband für Elektrotechnik, 1. Auflage, 2010.

[64] F. Nicollet: *Analysis of cyclic phenomena in a gasoline direct injection engine of flow and mixture formation using Large-Eddy Simulation and high-speed Particle Image Velocimetry.* Dissertation, Technischen Universität Darmstadt, 2018.

[65] A. Nouri-Borujerdi und M. E. Nakhchi: *Heat Transfer enhancement in annular flow with outer grooved cylinder and rotating inner cylinder: Review and experiments.* Applied Thermal Engineering, Vol. 120, S. 257–268, 2017.

[66] A. Nouri-Borujerdi und M. E. Nakhchi: *Optimization of the heat transfer coefficient and pressure drop of Taylor-Couette-Poiseuille flows between an inner rotating cylinder and an outer grooved stationary cylinder.* International Journal of Heat and Mass Transfer, Vol. 108, S. 1449–1459, 2017.

[67] W. Nußelt: *Das Grundgesetz des Wärmeübergangs.* Ges.-Ing., Vol. 38, S. 477–482 & 490–496, 1915.

[68] S. Oechslen: *Thermische Modellierung elektrischer Hochleistungsantrie-be*. Dissertation, Universität Stuttgart, 2018.

[69] W. v. Ohnesorge: *Die Bildung von Tropfen an Düsen und die Auflösung flüssiger Strahlen*. Zeitschrift für Angewandte Mathematik und Mechanik, Vol. 16, Nr. 6, S. 355–358, 1936.

[70] P. Ponomarev, M. Polikarpova und J. Pyrhönen: *Thermal modeling of directly-oil-cooled permanent magnet synchronous machine*. In: XXth International Conference on Electrical Machines, 2012, S. 1882–1887.

[71] J. Pyrhönen, V. Hrabovcová und R. S. Semken: *Electrical Machine Drives Control - An Introduction*. Wiley, New York, 2. Auflage, 2016.

[72] A. H. Ranjbar und B. Fahimi: *AC Machines: Permanent Magnet Synchronous and Induction Machines*, Springer, New York, S. 17–46, 2012.

[73] H. Reichardt: *Vollständige Darstellung der turbulenten Geschwindigkeitsverteilung in glatten Leitungen*. Zeitschrift für Angewandte Mathematik und Mechanik, Vol. 31, Nr. 7, S. 208–219, 1951.

[74] A. Reinap, M. Andersson, F. J. Márquez-Fernández, P. Abrahamsson und M. Alaküla: *Performance Estimation of a Traction Machine with Direct Cooled Hairpin Winding*. In: IEEE Transportation Electrification Conference and Expo (ITEC), 2019.

[75] T. Richter: *Zerstäuben von Flüssigkeiten – Düsen und Zerstäuber in Theorie und Praxis*. expert verlag, Renningen, 3. Auflage, 2011.

[76] T. Richter und T. Wick: *Einführung in die Numerische Mathematik - Begriffe, Konzepte und zahlreiche Anwendungsbeispiele*. Springer-Verlag, Berlin Heidelberg New York, 1. Auflage, 2017.

[77] P. Romanazzi: *Fast and accurate hot-spot estimation in electrical machines*. Dissertation, University of Oxford, 2017.

[78] H. Schade, E. Kunz und J.-D. Vogt: *Strömungslehre*. De Gruyter, Berlin, 2. Auflage, 1989.

[79] SCHAEFFLER TECHNICAL DOCUMENTATION: *Technisches Taschenbuch.* Schaeffler Technologies AG & Co. KG, Herzogenaurach, 3. Auflage, 2017.

[80] M. Schiefer und M. Doppelbauer: *Indirect slot cooling for high-power-density machines with concentrated winding.* In: IEEE International Electric Machines Drives Conference (IEMDC), 2015, S. 1820–1825.

[81] M. Shanel, S. J. Pickering und D. Lampard: *Conjugate heat transfer analysis of a salient pole rotor in an air cooled synchronous generator.* In: IEEE International Electric Machines and Drives Conference, Vol. 2, 2003, S. 737–741.

[82] SIMCENTER STAR-CCM+ DOCUMENTATION: *Version 2019.1.* 2019.

[83] M. Simko, M. Chupac und M. Gutten: *Thermovision measurements on electric machines.* In: International Conference on Diagnostics in Electrical Engineering, 2018.

[84] N. Simpson, R. Wrobel und P. H. Mellor: *Estimation of Equivalent Thermal Parameters of Impregnated Electrical Windings.* IEEE Transactions on Industry Applications, Vol. 49, Nr. 6, S. 2505–2515, 2013.

[85] C. Srinivasan, X. Yang, J. Schlautman, D. Wang und S. Gangaraj: *Conjugate Heat Transfer CFD Analysis of an Oil Cooled Automotive Electrical Motor.* In: WCX SAE World Congress Experience, SAE International, 2020.

[86] K. Szewc, J. Mangold, C. Bauinger, M. Schifko und C. Peng: *GPU-Accelerated Meshless CFD Methods for Solving Engineering Problems in the Automotive Industry.* In: WCX World Congress Experience, SAE International, 2018.

[87] G. Traxler-Samek und D. Langmayr: *Dreidimensionale Temperaturverteilung in großen Wasserkraftgeneratoren: effiziente Simulation und Optimierung.* e & i Elektrotechnik und Informationstechnik, Vol. 136, Nr. 2, S. 216–223, 2019.

[88] J.-F. Trigeol, Y. Bertin und P. Lagonotte: *Thermal modeling of an induction machine through the association of two numerical approaches.* IEEE Transactions on Energy Conversion, Vol. 21, Nr. 2, S. 314–323, 2006.

[89] VDI E.V.: *VDI-Wärmeatlas.* Springer, Berlin Heidelberg, 11. Auflage, 2013.

[90] A. D. Volodchenkov, S. Ramirez, R. Samnakay, R. Salgado, Y. Kodera, A. A. Balandin und J. E. Garay: *Magnetic and thermal transport properties of $SrFe_{12}O_{19}$ permanent magnets with anisotropic grain structure.* Materials & Design, Vol. 125, S. 62–68, 2017.

[91] B. Weigand und H. Beer: *Wärmeübertragung in einem axial rotierenden, durchströmten Rohr im Bereich des thermischen Einlaufs: Teil 2: Einfluss der Rotation auf eine laminare Strömung.* Wärme- und Stoffübertragung, Vol. 24, Nr. 5, S. 273–278, 1989.

[92] B. Weigand und H. Beer: *Fluid flow and heat transfer in an axially rotating pipe: The rotational entrance.* Hemisphere Publishing Corporation, 1992.

[93] D. C. Y. Wong, M. J. H. Simmons, S. P. Decent, E. I. Parau und A. C. King: *Break-up dynamics and drop size distributions created from spiralling liquid jets.* International Journal of Multiphase Flow, Vol. 30, S. 499–520, 2004.

[94] N. Wruck: *Transientes Sieden von Tropfen beim Wandaufprall.* Dissertation, RWTH Aachen, 1999.

[95] G. H. Yeoh und J. Tu: *Computational Techniques for Multiphase Flows.* Butterworth-Heinemann, Oxford, 2. Auflage, 2019.

Anhang

A.1 Stoffdaten

A1.1 ATF134FE

Tabelle A1.1: Getriebeöl:

$\theta\,/\,^\circ\mathrm{C}$	$\rho\,/\,\mathrm{kg\,m^{-3}}$	$\lambda\,/\,\mathrm{W\,(m\,K)^{-1}}$	$\mu\,/\,\mathrm{kg\,(m\,s)^{-1}}$	$c\,/\,\mathrm{J\,(kg\,K)^{-1}}$
40	830.1	0.142	0.0169	2018.3
50	823.7	0.141	0.0121	2093.6
60	817.3	0.140	0.0090	2164.3
70	811.0	0.139	0.0069	2230.4
80	804.6	0.138	0.0055	2292.0
90	798.2	0.137	0.0045	2349.0
100	791.8	0.135	0.0037	2401.5
110	785.4	0.134	0.0031	2449.4
120	779.0	0.133	0.0027	2492.8
130	772.6	0.132	0.0023	2531.5
140	766.2	0.131	0.0020	2565.8
150	759.8	0.130	0.0018	2595.4
160	753.4	0.129	0.0016	2620.5
170	747.0	0.128	0.0014	2641.1
180	740.7	0.127	0.0013	2657.0

© Der/die Herausgeber bzw. der/die Autor(en), exklusiv lizenziert durch
Springer Fachmedien Wiesbaden GmbH, ein Teil von Springer Nature 2020
C. Beck, *Numerische Analyse der Zweiphasenströmung und Kühlwirkung in
nasslaufenden Elektromotoren*, Wissenschaftliche Reihe Fahrzeugtechnik
Universität Stuttgart, https://doi.org/10.1007/978-3-658-32607-4

A1.2 Wasser-Ethylenglykol-Gemisch

Tabelle A1.2: Wasser-Ethylenglykol-Gemisch

$\theta\,/\,^\circ C$	$\rho\,/\,\mathrm{kg\,m^{-3}}$	$\lambda\,/\,\mathrm{W\,(m\,K)^{-1}}$	$\mu\,/\,\mathrm{kg\,(m\,s)^{-1}}$	$c\,/\,\mathrm{J\,(kg\,K)^{-1}}$
40	1059.6	0.404	0.00243	3399.9
50	1052.8	0.410	0.00190	3439.4
60	1046.0	0.417	0.00152	3478.8
70	1039.3	0.423	0.00125	3518.3
80	1032.5	0.429	0.00105	3557.8
90	1025.7	0.435	0.00090	3597.3
100	1018.9	0.442	0.00078	3636.7
110	1012.1	0.448	0.00069	3676.2
120	1005.3	0.454	0.00062	3715.7
130	998.5	0.461	0.00056	3755.1
140	991.8	0.467	0.00051	3794.6
150	985.0	0.473	0.00047	3834.1
160	978.2	0.479	0.00044	3873.6
170	971.4	0.486	0.00041	3913.0
180	964.6	0.492	0.00038	3952.5

A.2 Kühlkreisläufe der verwendeten PSM

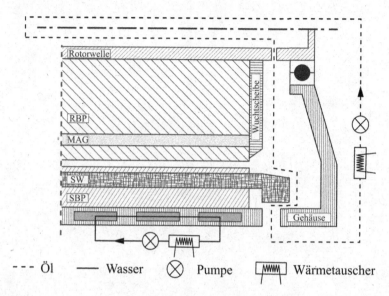

--- Öl   —— Wasser   ⊗ Pumpe   [MWW] Wärmetauscher

Abbildung A2.1: Kühlkreisläufe der verwendeten PSM

Printed in the United States
By Bookmasters